AF501262

DE L'IMPRIMERIE DE C.-F. PATRIS.

Et se trouve aussi,

CHEZ
DELANCE et BELIN, rue des Mathurins-Saint-Jacques, hôtel Cluni;
LENORMANT, rue de Seine Saint-Germain;
NICOLLE, même rue, hôtel de la Rochefoucault;
CHEVALIER, négociant, cloître Saint-Médéric;
DERICQUEHEM, marchand papetier, rue St.-Victor, n° 112;
PATRIS et Cie, quai Napoléon, au coin de la rue de la Colombe, n° 4 dans la Cité.

LE

GUIDE DU COMMERÇANT,

OU

TABLEAU BARÊME

De la réduction des pièces d'or et d'argent en francs et en livres tournois.

TROISIÈME ÉDITION,

Précédée d'une Instruction élémentaire sur le calcul des nombres avec fractions décimales, et de l'exposition du système métrique;

ET SUIVIE

D'une Table de réduction des livres tournois en francs et centimes, conformément à la loi du 17 floréal an 7;

D'un Tableau présentant le prix en francs et en livres tournois des marchandises vendues au demi-kilogramme, au demi-quintal métrique et au décalitre, d'après le prix des anciennes mesures analogues;

De plusieurs Tables de comparaison des nouveaux poids et mesures aux anciens, et réciproquement des anciens aux nouveaux;

D'une Table du taux auquel les pièces d'argent de 6 s., 12 s., 24 s., 3 liv. et 6 liv., et les pièces d'or de 24 liv. et de 48 liv. seront reçues aux hôtels des monnaies;

D'un Tarif de l'escompte en dehors connu sous le nom de remise pour prompt paiement;

D'un Tableau figuratif des nouveaux poids et des nouvelles mesures;

D'un Tableau à l'usage des marchands détaillants et des personnes qui achètent en détail.

PAR DERICQUEHEM,

Sous-chef au trésor public, auteur du *Vocabulaire des nouveaux Poids et Mesures*.

Terminée par un Tableau de réduction en francs des monnaies étrangères ayant cours dans l'Empire;

Par T.

Ouvrage utile à MM. les banquiers, agents de change, négociants, courtiers, marchands, agents d'affaires, etc. etc.

PRIX : 1 f. 50 c.; 1 f. 75 c. franc de port, et 2 f. chez l'Etranger.

A PARIS,

Chez { L'AUTEUR, rue Guénégaud, n° 14; GUEFFIER jeune, éditeur, rue Galande, n° 61.

1810.

AVANT PROPOS.

L'ÉTABLISSEMENT de l'uniformité des poids
mesures dans toute l'étendue de l'empire
ançais, est sans contredit un des grands pas
ts vers la perfection de l'ordre social. Enfin
te prodigieuse diversité de mesures répan-
es sur le sol de la France, et qui n'étaient
opres qu'à favoriser les spéculations téné-
euses et à entretenir l'ignorance, va faire
ce à un système unique dont toutes les bases
nt immuables comme la nature elle-même :
te conception ne peut qu'honorer la nation
l'a produite.

L'ordre établi entre les nouvelles mesures
ce système, dont nous allons exposer les
ncipes, présente une simplicité et une faci-
si palpables pour toutes les opérations
hmétiques, qu'on ne pourrait de bonne foi

se refuser de lui accorder la supériorité sur l'ancienne méthode.

Dans le calcul usité jusqu'ici, les unités principales étaient subdivisées en de nouvelles unités dont les rapports irréguliers offraient dans les opérations des difficultés fatigantes. Par exemple, s'agissait-il d'additionner plusieurs fractions d'aune pour en extraire les entiers? combien de personnes se trouvaient arrêtées parce que ce genre d'opérations ne leur était point familier! Fallait-il diviser un nombre complexe par un autre aussi complexe? quel embarras et quelle longueur, dont à peine on pouvait sortir avec effort !

Le système décimal, au contraire, a pour objet de débarrasser l'arithmétique de cette complication, en réduisant tous les calculs possibles à la même méthode de ceux des nombres entiers. Le nombre 10 y est déterminé pour diviseur unique. Dans chaque genre de mesures les subdivisions sont toutes décimales, c'est-à-dire qu'elles sont successivement dix fois plus petites les unes que les autres. Par ce moyen il ne sera plus besoin de recourir, pour exprimer une quantité quelconque, à d'autres unités ayant entre elles des rapports variés dans un même nombre, comme 15 livres 4 onces 3 gros 26 grains; ou 24 toises 4 pieds 3 pouces 8 lignes. Il n'y aura désormais que l'unité principale dont les subdivisions étant dans un ordre décimal, ne présenteront aucune des difficultés qu'engendraient ces nombres complexes. De plus, comme les divisions des nouvelles mesures sont les mêmes que celles de la monnaie, il suffira de savoir la valeur de l'unité, pour connaître sans calcul, celle de ses parties : avantage que l'on n'avait point dans l'ancienne méthode lorsqu'il s'agissait de déterminer la valeur de l'once, du gros d'une sorte de marchandise, d'après le prix connu de la livre. Dans l'exposition que nous allons faire des règles à suivre pour la pratique de ce calcul, nous découvrirons d'autres avantages non moins précieux, et chacun sentira combien il importe de s'y familiariser.

Exposition du système métrique.

L'unité fondamentale du système métrique est la distance du pôle à l'équateur, ou le quart du méridien terrestre. Cette distance répond à 30784440 pieds. Elle a été divisée par dix un certain nombre de fois, et la septième division a donné 3 pieds 078444. C'est à cette longueur, qui est la dix-millionième partie du quart du méridien terrestre, qu'on a donné le nom de mètre, et on l'a prise pour élément de toutes les nouvelles mesures.

Le mètre linéaire est l'élément des mesures d'étendue.

Le mètre carré est l'élément des mesures

de superficie, dont l'are, qui est l'unité principale de cette classe de mesures, en contient dix.

Le mètre cube est l'élément des mesures de solidité : il en est l'unité principale, sous le nom de stère.

Le décimètre cube, ou la millième partie du mètre cube, est l'élément des mesures de capacité. On l'a appelé litre, pour servir d'unité principale à cette classe de mesures; et sa contenance est celle d'un vase de forme cubique, ayant pour côté la dixième partie du mètre.

C'est également au mètre que se rapportent les poids et les monnaies. On a donné le nom de gramme au poids d'un centimètre cube d'eau distillée, ou à une quantité d'eau distillée contenue dans un vase de forme cubique, ayant pour côté la centième partie du mètre, et pesée dans le vide et à la température de la glace fondante. Cette quantité d'eau distillée répond à 18 grains 82715.

Le franc, unité principale des nouvelles monnaies, pèse 5 grammes; le quintuple, ou la pièce de 5 francs pèse 25 grammes. Le titre est neuf parties de métal pur et une d'alliage.

INSTRUCTIONS ÉLÉMENTAIRES

SUR LE CALCUL DES FRACTIONS DÉCIMALES.

Numération des Fractions décimales.

PAR le même principe qui a servi à décupler l'unité principale pour former, en allant de droite à gauche, des dixaines, des centaines, des mille, etc., qui composent une suite ascendante d'unités, on a créé dans le système décimal, en allant de gauche à droite, une nouvelle série d'unités qui sont successivement subdécuples les unes des autres, c'est-à-dire, la dixième, la centième, la millième, la dix-millième, etc., partie de l'unité principale; ce sont ces nouvelles unités que l'on a appelées parties ou fractions décimales, et on en connaît la valeur dès que l'on sait quel chiffre exprime l'unité principale.

La démarcation des fractions décimales d'avec les unités principales se fait en écrivant après celles-ci la lettre initiale de la mesure prise pour unité ou simplement un point, appelé pour cette raison point décimal; ensuite on écrit à sa droite la fraction décimale.

Comme par la nature du nouveau système les subdivisions de l'unité principale suivent toujours le rapport décimal, il est clair que le premier chiffre qui vient après le point exprime des dixièmes de l'unité qui le précède; le second exprime des dixièmes de ces mêmes dixièmes, ou des centièmes de l'unité principale; le troisième exprime des dixièmes des centièmes, ou des centièmes des dixièmes, ou enfin des millièmes de l'unité principale; le quatrième exprime des dixièmes de ces millièmes, ou des centièmes des centièmes, ou des millièmes des dixièmes, ou enfin des dix-millièmes de l'unité principale; ainsi de suite.

Vous voyez qu'il en est des fractions décimales comme des unités principales, où un chiffre devient dix fois plus petit à mesure qu'il descend vers la droite, et réciproquement il devient dix fois plus grand à mesure qu'il avance d'un rang vers la gauche. Appliquons ce que nous venons de dire à des exemples : soit à énoncer le nombre 842.6835. D'abord les trois premiers chiffres écrits à gauche du point décimal désignent 842 unités (ce sera si vous voulez des francs ou des mètres, ou des kilogrammes, c'est indifférent, parce que leurs subdivisions sont toutes dans un même ordre : aussi quand on saura opérer pour une espèce d'unités, on le saura également pour toutes les autres). Revenons à notre exemple : le chiffre 6 qui vient après le point désigne 6 dixièmes de l'unité simple qui le précède immédiatement ; le chiffre 8 en désigne 8 centièmes ; le chiffre 3 en désigne 3 millièmes, et le chiffre 5 en désigne 5 dix-millièmes : donc le nombre proposé peut s'énoncer de cette manière, 842 unités 6 dixièmes 8 centièmes 3 millièmes et 5 dix-millièmes de l'unité simple. Le même nombre peut encore s'exprimer de cette manière : 842 unités 6835 dix-millièmes, parce que chaque unité de dixième vaut une dixaine de centièmes, une centaine de millièmes, et mille dix-millièmes ;

que chaque unité de centièmes vaut une dixaine de millièmes et une centaine de dix-millièmes, et que chaque unité de millièmes vaut une dixaine de dix-millièmes. — On peut encore énoncer le même nombre de cette manière : 8 millions 426 mille 835 dix-millièmes ; en considérant les dix-millièmes comme faisant la fraction d'unités simples, et que les valeurs des unités des sept chiffres sont continuellement décuples les unes des autres en allant de droite à gauche.

S'il arrivait, par le résultat d'une opération, qu'une des colonnes des parties décimales ne fût pas occupée par un chiffre, il faudrait y mettre le signe explétif o destiné à indiquer les places vacantes qui influent sur les valeurs des chiffres suivants. Par exemple, douze unités six centièmes s'écrivent ainsi 12.06, douze unités six millièmes 12.006 ; de même s'il n'y avait point d'unités principales, il faudrait écrire un zéro pour en tenir lieu ; ainsi 0.422, c'est-à-dire, zéro unité quatre cent vingt-deux millièmes d'unité.

On peut écrire à la suite du dernier chiffre significatif de la droite plusieurs zéros sans altérer pour cela ni même augmenter la valeur du nombre. Par exemple, le nombre 44.21 ne changerait pas de valeur, bien que l'on écrivît à sa place 44.210 ou 44.2100 ; parce que chaque centième valant dix millièmes ou cent dix-millièmes, les 21 centièmes du nombre proposé sont égaux à 210 millièmes ou à 2100 dix-millièmes. De même lorsqu'on rencontre à la droite des parties décimales des zéros non suivis de caractéres significatifs, on peut les supprimer sans craindre d'altérer la valeur du nombre : ainsi 24.35000 cent-millièmes sont égaux à 24.35 centièmes.

Nous avons dit plus haut que le point décimal faisait la séparation des parties décimales d'avec les unités principales ; nous allons voir maintenant que, par le moyen de son déplacement, on peut rendre un nombre dix fois, cent fois, mille fois, etc., plus petit ou plus grand selon qu'il est avancé plus ou moins vers la droite ou vers la gauche des unités principales. Supposons, par exemple, qu'on veuille rendre le nombre 691f.432 dix fois plus grand ; il suffirait de reculer le point d'un rang vers la droite de cette manière 6914f.32.

Vous apercevez que les centaines du nombre proposé sont devenues des mille; les dixaines, des centaines; les unités, des dixaines; les dixièmes, des unités; les centièmes, des dixièmes; et les millièmes, des centièmes. Donc, en reculant le point décimal d'un rang vers la droite, nous avons rendu la valeur de chaque chiffre dix fois plus grande, et par conséquent le nombre lui-même est devenu dix fois plus grand.

Au contraire, en avançant le point d'un rang vers la gauche, nous rendrions le nombre dix fois plus petit, puisque la valeur de chaque chiffre deviendrait dix fois plus petite. Nous le rendrons cent fois, mille fois, etc., plus petit, si nous avançons le point de deux rangs, de trois rangs, etc., vers la gauche : il deviendrait successivement 69f.1432 — 6f.91432 — of.691432.

On voit, par ce qui vient d'être dit, que dans toutes les opérations arithmétiques, l'attention doit se porter sur la place que doit occuper le point décimal, dont le déplacement influe sur la valeur du nombre proposé.

Addition des Nombres avec fractions décimales.

Pour additionner plusieurs nombres accompagnés de parties décimales, on opère de la même manière que si ces nombres ne contenaient que des entiers, en observant de les écrire les uns sous les autres, de sorte que les unités de même espèce coïncident sur une même colonne verticale, c'est-à-dire, les dixièmes avec les dixièmes, les centièmes avec les centièmes, les millièmes avec les millièmes, etc. L'addition se fait ensuite en commençant par les unités de la plus petite espèce ; et lorsque le résultat de l'addition est donné, on sépare vers la droite, avec le point décimal, un nombre de décimales égal à celui du nombre qui en contient le plus parmi ceux qui ont été additionnés.

Ier EXEMPLE.

On propose de joindre ensemble les nombres $821^{f}.464$ — $3694^{f}.20$ — $4790^{f}.12$ — $32^{f}.168$ et $246^{f}.32$.

Position.

821.464
3694.20
4790.12
32.468
246.32

Somme. . 9584.572

Après avoir rangé ces cinq nombres les uns sous les autres, en sorte que tous les points se trouvent dans la même colonne, on les additionne comme s'ils étaient sans fractions, et le résultat donne 9584[f].572 millièmes.

IIe EXEMPLE.

Soit à ajouter les nombres 32 mètres 82 centimètres, 3 décimètres, 4 centimètres et 5 millimètres.

Position.

32.82
0.3
0.04
0.005

Somme. . . 33.165

Il peut arriver, comme à cet exemple, que parmi les nombres à additionner il s'en trouve qui n'aient que des fractions décimales, il suffit alors d'écrire un zéro à la place des unités principales pour en tenir lieu, et un ou plusieurs zéros aux fractions décimales suivant que le cas l'exige; ensuite on fait l'addition à l'ordinaire.

La somme des nombres ajoutés ensemble est 33.$^{m\cdot}$165 millièmes ou millimètres.

Soustraction des Nombres avec fractions décimales.

On soustrait d'après les mêmes principes les nombres qui contiennent des fractions décimales. On écrit d'abord les deux nombres sur deux lignes, le plus petit sous le plus grand, en sorte que les unités de même espèce se trouvent dans la même colonne, c'est-à-dire, les dixièmes avec les dixièmes, les centièmes avec les centièmes; et ensuite on opère comme si les nombres étaient sans fractions et en commençant par les unités du plus bas ordre.

Ier EXEMPLE.

Soit proposé de soustraire 2790^{f}.90 de 4587^{f}.64.

Position.

De. . 4587.64
ôtez. . 2790.90
reste. . 1796.74

Le résultat donne pour reste 1796f.74c.

Lorsqu'un nombre, dont on veut en soustraire un autre, ne contient que des dixièmes ou des centièmes, tandis que celui à soustraire renferme des dixièmes, des centièmes, des millièmes, etc., il faut suppléer dans le premier nombre, pour faciliter l'opération, les places vacantes, par des zéros ; ce qui, comme nous l'avons déjà fait remarquer, n'altère ni n'augmente aucunement la valeur du nombre ; l'opération se fait ensuite comme à l'ordinaire.

IIe EXEMPLE.

On veut soustraire 299f.495 de 348f.2.

Position.

De. . 348.200
ôtez. . 299.495
reste. 48.705

Comme le nombre dont on doit soustraire a

deux décimales de moins que l'autre, pour faciliter l'opération il faut y ajouter deux zéros.

Le reste est donc 48f.705.

Multiplication des Nombres avec fractions décimales.

La multiplication des nombres décimaux s'opère comme celle des nombres entiers. Seulement quand l'opération est faite, on sépare vers la droite, par le moyen du point décimal, autant de chiffres décimaux qu'il y en a en tout dans le multiplicande et le multiplicateur pris ensemble; par exemple, s'il se trouvait trois décimales au multiplicande, et une au multiplicateur, ce serait quatre décimales à séparer sur la droite du produit, et ces quatre chiffres désigneraient des fractions décimales.

Ier EXEMPLE.

On demande la valeur de 342 mètres 35 centimètres d'étoffe à raison de 18 francs le mètre.

Position.

34235
18[f]

273880
34235

616230

Produit. . . 6162 francs 30 centimes.

Conséquemment à ce que nous venons de dire, pour opérer cet exemple, on multiplie comme à l'ordinaire les deux nombres, l'un par l'autre, sans avoir égard aux fractions décimales du multiplicande, on a pour le produit 616230; mais comme il y a 35 centimètres au multiplicande, le produit qui renferme 18 fois ces 35 centimètres, doit nécessairement avoir des centièmes à sa droite; donc, il faut séparer deux chiffres vers la droite du premier produit: on a alors 6162 francs 30 centimes pour la valeur demandée.

IIe EXEMPLE.

Combien coûteront 352 kilogrammes 42 dixièmes ou décagrammes de sucre à 9 francs 89 centimes le kilogramme?

Position.

```
   35.242
     9.89
 --------
  317178
 281936
317178
---------
34854338
```

Produit.. 3485 francs 4338.

Cette opération se fait comme au précédent exemple en multipliant les deux nombres l'un par l'autre, sans avoir égard à leurs parties décimales; il viendra au produit 34854338; mais ce nombre est dix mille fois trop grand, par la raison qu'en supprimant d'abord le point décimal du multiplicande et le multipliant par le multiplicateur tel qu'il est avec le point on a un produit cent fois trop grand : de plus, si vous supprimez aussi le point décimal du multiplicateur, le même produit devient encore cent fois plus grand, donc le produit est dix mille fois trop grand. Ainsi, pour l'amener à sa juste valeur, il faut séparer par le moyen du point décimal quatre chiffres vers la droite; alors on a pour vrai produit 3485 fr. 4338.

IIIe EXEMPLE.

On demande combien coûteraient 465 hectolitres, 24 litres et 5 décilitres de vinaigre à 31 f. 23 millimes l'hectolitre ?

Position.

```
      465245
       31023
    --------
     1395735
     930490
   4652450
  1395735
 -----------
 14433295635
```

Produit. . 14433 francs 295635.

On fait d'abord la multiplication sans avoir égard aux parties decimales qui affectent les deux nombres; il vient au produit 14433295635; mais ce produit est un million de fois trop grand : donc, pour le réduire à sa juste valeur, il faut séparer six chiffres vers la droite, parce qu'il y en a six au multiplicande et au multiplicateur.

Pour concevoir facilement la raison de cette séparation, supposez d'abord qu'après avoir supprimé le point décimal du multiplicande vous le multipliiez par le multiplicateur tel qu'il est avec le point décimal ; vous auriez un produit fictif mille fois plus grand que le véritable ; et si vous supprimiez aussi le point décimal du multiplicateur, le même produit fictif deviendrait encore mille fois plus grand : donc le nombre 14433295635 serait un million de fois trop grand : or en séparant six chiffres vers la droite vous aurez la véritable valeur demandée, qui est 14433 fr. 295635.

IVe EXEMPLE.

On demande ce que coûteront 35 grammes d'une certaine marchandise à 2 fr. 30 centimes le kilogramme.

Position.

```
   35
  230
-----
 1050
   70
-----
 8050
```

Produit. . 0f.08050.

Après avoir fait la multiplication des caractères significatifs, il s'est trouvé au produit

8050; mais d'après la règle générale, qui exige au produit autant de décimales qu'il y en a aux deux nombres pris ensemble, il doit y en avoir ici cinq, parce que du kilogramme au gramme il y a trois décimales et deux au multiplicateur font cinq; ainsi il faut écrire un zéro à la gauche du 8, en le faisant précéder du point décimal avec un zéro à sa gauche pour montrer qu'il n'y a point d'unités de francs.

Ve EXEMPLE.

Combien coûteront 26 centimètres d'une marchandise à 30 centimes le mètre?

Position.

$$\begin{array}{r} 26 \\ 30 \\ \hline 780 \end{array}$$

Produit. . 0f.0780.

Vous voyez que la multiplication n'a d'abord donné que trois chiffres décimaux, tandis que d'après la règle générale il doit y en avoir quatre; ainsi il faut écrire un zéro à la gauche de la décimale 7 et le faire précéder d'un point avec un autre zéro à sa gauche pour tenir lieu de francs.

REMARQUE.

Lorsqu'il se trouve trois, quatre, cinq, six, etc., chiffres décimaux au résultat d'une multiplication, comme cette précision de fractions peut être plus grande que celle dont on a besoin, on peut supprimer du produit tout ce qui excède les millièmes et quelquefois les centièmes, sans craindre que cette suppression ne soit beaucoup préjudiciable. En ceci on ne s'écarte point de l'ancienne méthode, qui permettait de supprimer, dans certains cas, les fractions de deniers.

C'est pourquoi dans le second exemple que nous avons expliqué plus haut, où la précision du produit 3485f.4338 va jusqu'aux dix-millièmes, on peut se contenter d'écrire 3485f.43; car 38 centièmes de centimes sont bien peu de chose par rapport à la somme.

Néanmoins il est des cas où l'on pourra donner plus de précision au produit, en ajoutant une unité à la dernière des décimales conservées lorsque la première de celles que l'on aura supprimées sera au moins 5. Supposez que l'on eût le nombre 34 mètres 467 millimètres ; la dernière décimale 7 étant regardée comme 7 dixièmes de la décimale précédente, il est clair que 34 mètres 467 millimètres sont plus près d'être égaux à 34 mètres 47 centimètres qu'à 34 mètres 46 centimètres ; ainsi en supprimant la décimale 7 et en augmentant d'une unité la décimale 6, la différence sera moins grande que si, en supprimant la décimale 7, vous laissiez à la décimale 6 sa première valeur.

Cette remarque nous mène à indiquer une méthode facile et briève pour faire la multiplication de deux nombres ayant à leur suite plusieurs décimales.

Par exemple il s'agit de multiplier 42.46587 par 28.6543. Supposons que l'on n'eût besoin que de la précision de deux décimales ; pour plus d'exactitude prenons-en cinq, sauf à en retrancher trois après l'opération : voici comment il faut s'y prendre.

Multiplier	4246587
par. . . .	286543
	1272
	16984
	212325
	2547948
	33972696
	8493174
Produit. .	121682965

Posez d'abord les deux nombres l'un sous l'autre et cherchez combien de chiffres décimaux aurait le produit si vous faisiez la multiplication à l'ordinaire : il en aurait neuf. Ce nombre vous indique qu'il faut commencer par compter 9 sur le premier chiffre à droite du nombre supérieur, 8 sur celui qui précède, sur le troisième, ainsi de suite en allant vers la gauche, et en diminuant toujours d'une unité jusqu'à cinq, qui est le nombre de décimales demandées au produit. Mettez un point sur le chiffre sur lequel vous vous êtes arrêté en comptant cinq pour indiquer que c'est à ce chiffre que vous devez commencer la multiplication. Ce chiffre étant 4, multipliez les trois derniers chiffres de la gauche 424 par les dix-millièmes du multiplicateur : il vient 1272, qui expriment des cent-millièmes, parce que des dixièmes multipliés par des dix-millièmes produisent des cent-millièmes; écrivez le premier chiffre 2 de ce produit sous le premier chiffre du multiplicateur et les autres à la suite. Puis multipliez 4246 du multiplicande par les millièmes du multiplicateur: il vient au produit 16984 cent-millièmes, parce que des centièmes multipliés par des millièmes donnent des cent-millièmes; écrivez ce second produit sous le premier en faisant correspondre les premiers chiffres sous une même colonne. Ensuite continuez à multiplier de cette manière en prenant un chiffre de plus à la droite du multiplicande à mesure que vous changez de chiffre au multiplicateur en allant sur la gauche; vous aurez de nouveaux produits qui exprimeront des cent-millièmes, et dont vous placerez les premiers chiffres toujours dans la même colonne verticale.

Après avoir ainsi épuisé tous les chiffres du multiplicande, il vous reste les dixaines du multiplicateur qui n'ont point servi. Il faut multiplier le multiplicande par ces dixaines, et placer le produit sous ceux qui ont été obtenus par les opérations précédentes, en ayant soin de le reculer d'un rang vers la gauche, par la raison que des cent-millièmes par des dixaines donnent des dix-millièmes, et que les produits précédents expriment des cent-millièmes.

Ayant ainsi fait toutes ces multiplications, il faut additionner les produits partiels et séparer dans le produit total, avec le point décimal, cinq chiffres vers la droite. Votre opération est terminée et vous avez en résultat 1216.82965 ou bien 1216.83, en retranchant les trois dernières décimales, et en augmentant d'une unité la dernière décimale conservée.

Multiplication pour servir à la Mesure des surfaces.

On demande combien de mètres carrés et de parties décimales de mètre carré sont contenus dans un rectangle dont les dimensions sont : longueur 4 mètres 9 décimètres, hauteur 2 mètres 2 décimètres ?

Ier EXEMPLE.

Position.

```
   49
   22
 ----
   98
  98
 ----
 1078
```

Surface. . 10 mèt. car. 78 centièmes.

Après avoir disposé les deux nombres dans l'ordre convenable, on les multiplie l'un par l'autre sans faire attention à leurs parties décimales, et dans le produit on sépare vers la droite, avec le point décimal, autant de chiffres décimaux qu'il y en a au multiplicande et au multiplicateur pris ensemble ; c'est-à-dire, que dans le cas présent il faut en séparer deux. Cela fait, la surface demandée est 10 mètres carrés 78 centièmes de mètre carré.

Sur quoi, remarquez qu'il faut bien se

garder de confondre 7 dixièmes de mètre carré avec 7 décimètres carrés, et 8 centièmes de mètre carré avec 8 centimètres carrés; et cela, parce que un dixième de mètre carré vaut 10 décimètres carrés, et que un centième de mètre carré vaut un décimètre carré. Donc 7 dixièmes de mètre carré sont égaux à 70 décimètres carrés; et 8 centièmes de mètre carré, à 8 décimètres carrés.

IIe EXEMPLE.

On demande la surface d'un rectangle dont les dimensions sont : longueur 54 mètres 3 centimètres, et hauteur 28 mètres 68 centimètres.

	Position.
Longueur. . .	5403
Hauteur. . . .	2868
	43224
	32418
	43224
	10806
	15495804

Surface. . 1549 mètres carrés 5804.

Pour faire cette opération, multipliez l'un par l'autre les deux nombres comme s'ils ne contenaient pas de parties décimales, et dans le produit séparez, vers la droite, quatre chiffres décimaux, parce qu'il y en a quatre au multiplicande et au multiplicateur pris ensemble. La surface demandée est 1549 mètres carrés 5 dixièmes 8 centièmes et 4 dix-millièmes de mètre carré; ou plus simplement, 1549 mètres carrés 58 centièmes de mètre carré.

IIe EXEMPLE.

Trouver la surface d'un rectangle dont les dimensions sont, longueur 37 centimètres, largeur 42 centimètres.

Position.

```
  37
  42
 ---
  74
 148
 ----
1554
```

Surface. . o. m. car. 1554 dix-millièm. de m. c.

Faites la multiplication comme à l'ordinaire

sans avoir égard que ce ne sont que des parties décimales du mètre. Comme il y a quatre chiffres au produit et qu'ils sont égaux en quantité aux parties décimales des deux nombres multipliés, ces quatre chiffres doivent être comptés pour des fractions d'un mètre carré; par conséquent écrivez à la gauche du premier des quatre chiffres le point décimal précédé d'un zéro pour faire connaître qu'il n'y a point d'unité de mètre carré.

La surface demandée s'exprime ainsi : 0 mètre carré 1 dixième 5 centièmes 5 millièmes et 4 dix-millièmes de mètre carré, ou plus simplement, 1554 dix-millièmes de mètre carré.

IVe EXEMPLE.

On demande la surface d'un rectangle ayant les proportions suivantes : longueur 24 centimètres, hauteur 35 centimètres.

Position.

```
 24
 35
----
120
72
----
840
```

Surface. . 0. 084 millièmes de mètre car. (m. car.)

Pour résoudre cette question, multipliez d'abord les deux nombres l'un par l'autre sans faire attention que ce sont des parties décimales, et vous aurez au produit 840; mais il y a deux chiffres décimaux au multiplicande et deux au multiplicateur; par conséquent et d'après la régle générale, il en faut quatre au produit: ainsi, écrivez un zéro à la gauche du 8 et faites précéder ce zéro du point décimal avec un autre zéro à sa gauche pour désigner qu'il n'y a point d'unité de mètre carré.

La surface est donc o mètre carré o dixième 8 centièmes et 4 millièmes de mètre carré; ou plus simplement, 84 millièmes de mètre carré. On peut supprimer le zéro qui vient après les millièmes sans craindre d'altérer la valeur du nombre.

Ve EXEMPLE.

On demande combien on doit payer à un maçon pour le crépi d'un mur de 24 mètres 25 centimètres de longueur sur 15 mètres 37 centimètres de hauteur, à raison de 4 francs 92 centimes par mètre carré.

```
                      Position.
                        2425
                        1537
                       -----
                       16975
                       7275
                     12125
                     2425
                    -------
Surface. . . . .    3727225
Prix du mètre carré.    492
                    -------
                    7454450
                  33545025
                 14908900
                 ----------
                 1833794700
```

Somme à payer. . 1833 francs 7947.

Pour faire cette opération, multipliez d'abord l'une par l'autre, la longueur et la hauteur, sans faire attention à leurs parties décimales, et dans le produit, séparez quatre chiffres vers la droite pour vous conformer à la règle ; vous aurez pour surface 372 mètres carrés 7225 dix-millièmes de mètre carré.

Maintenant pour savoir ce que coûte le crépi de cette surface, multipliez-la par le prix de chaque mètre carré, c'est-à-dire, par 4 fr. 92 centimes, et séparez dans le produit six chiffres décimaux.

Le prix demandé est donc 1833 fr. 79 centimes, en se bornant aux centimes.

Multiplication pour servir à la Mesure des solides.

Ier EXEMPLE.

On demande combien de mètres cubes et de parties de mètre cube sont contenus dans un parallélipipède dont les dimensions sont : longueur 12 mètres 3 décimètres, largeur 6 mètres 8 décimètres, hauteur 8 mètres 35 centimètres.

	Position.
	123
	68
	984
	738
Surface.	8364
Hauteur	835
	41820
	25092
	66912
	6983940

Solidité . . . . 698 m. cub. 394 milliém.

Vous faites d'abord la multiplication des deux premières dimensions, la longueur et la largeur, sans avoir égard aux parties décimales, et vous séparez dans le produit un nombre de décimales égal à celui des deux nombres multipliés; ce qui vous donne pour surface 83 mètres carrés 64 centièmes.

Maintenant multipliez cette surface par la troisième dimension, la hauteur, et au produit séparez aussi vers la droite autant de décimales qu'il y en a aux deux nombres qui ont donné ce produit, c'est-à-dire, séparez-en quatre. Votre opération est terminée, et vous avez pour résultat 698 mètres cubes 3 dixièmes 9 centièmes et 4 millièmes de mètre cube.

Une observation essentielle à faire ici, c'est qu'il faut bien se garder de confondre 3 dixièmes de mètre cube avec 3 décimètres cubes, 9 centièmes de mètre cube avec 9 centimètres cubes et 4 millièmes de mètre cube avec 4 millimètres cubes : et cela, parce qu'un cube est égal à mille décimètres cubes; un dixième de mètre cube, à cent décimètres cubes; un centième de mètre cube, à dix décimètres cubes; et un millième de mètre cube, à un décimètre cube. Donc 3 dixièmes de mètre cube sont égaux à 300 décimètres cubes; 9 centièmes de mètre cube, à 90 décimètres cubes; et 4 millièmes de mètre cube, à 4 décimètres cubes.

IIe EXEMPLE.

On demande combien de mètres cubes et de parties décimales de mètre cube sont renfermés dans une pièce de charpente ayant 24 mètres 36 centimètres de longueur, 95 centimètres de largeur et 1 mètre 5 décimètres d'épaisseur.

	Position.
	2436
	95
	12180
	21924
Surface. . .	231420
Épaisseur. .	15
	1157100
	231420
	3471300

Solidité . . . 34 m. cubes 713 millièmes.

Vous multipliez les deux premières dimensions sans vous occuper des chiffres décimaux qui les affectent; ensuite vous retranchez au produit, conformément à la règle, quatre décimales; vous avez alors pour surface 23 mètres carrés 1420 dix-mill^mes. Ensuite multipliez cette surface par la dernière dimension, l'épaisseur, qui a 1 mètre 5 décimètres; vous aurez un second produit de 3471300, dont il faut retrancher cinq chiffres vers la droite. Votre opération est terminée, et vous trouvez que la pièce de charpente contient 34 mètres cubes et 713 millièmes de mètre cube.

IIIe EXEMPLE.

On désire connaître ce qu'on doit à un maçon qui a élevé un mur de 35 mètres 4 centimètres de longueur, sur 8 mètres 3 décimètres de hauteur et de 1 mètre 75 centimètres d'épaisseur; à raison de 24 francs 15 centimes par mètre cube.

	Position.
Longueur.	3504
Hauteur.	83
	10512
	28032
Surface.	290832
Epaisseur.	175
	1454160
	2035824
	290832
Solidité	50895600
Prix du mètre cube.	2415
	2544780
	508956
	2035824
	1017912
	1229128740

Somme demand. 12,291 francs 2874

Commencez par multiplier l'une par l'autre les deux dimensions, la longueur et la hauteur, sans faire attention aux parties décimales. Seulement vous séparerez dans le produit autant de décimales qu'il y en a aux deux nombres multipliés. Cela fait, vous aurez pour premier produit une surface de 290 mètres carrés 832 millièmes.

Ensuite multipliez cette surface par l'épaisseur, qui est de 1 mètre 75. Vous aurez pour second produit, après avoir séparé cinq décimales conformément à la règle, 508 mètres cubes 956 millièmes, en négligeant les deux derniers zéros qui n'ont aucune valeur.

Maintenant, pour arriver à savoir le prix demandé, multipliez le produit qui a donné la solidité du mur, par le prix du mètre cube, c'est-à-dire, par 24 francs 15 centimes, et dans le produit séparez vers la droite un nombre de décimales égal à celui qui est contenu dans les deux nombres multipliés.

La question est résolue et la somme à payer au maçon se monte à 12,291 francs 29 centimes, en se bornant à la précision des centimes.

Division des Nombres avec fractions décimales.

C'est surtout par rapport à la division que le système décimal l'emporte sur l'arithmétique usitée jusqu'à ce jour.

On sait quel embarras occasionnait la division des nombres complexes, par la nécessité où l'on était souvent de les réduire aux unités de la plus petite espèce.

Ces difficultés disparaissent totalement dans le nouveau calcul. Tout y est réduit à considérer comme nombres entiers le dividende et le diviseur, lorsqu'ils sont affectés d'un égal nombre de décimales. Lorsqu'il y a plus de décimales au dividende qu'au diviseur, on supprime le point décimal du diviseur, et l'on recule celui du dividende d'autant de chiffres vers la droite qu'il y avait de décimales au diviseur.

Si c'est le diviseur qui a plus de décimales, on les égalise en ajoutant au dividende autant de zéros qu'il a de décimales de moins que le diviseur.

Enfin s'il n'y avait de décimales qu'au diviseur, on écrirait à la suite du dividende un nombre de zéros égal aux décimales du diviseur.

Une remarque seulement essentielle, c'est que lorsqu'il se trouve à la fin d'une division de nombres entiers, un reste indivisible par le diviseur, on peut continuer la division en ajoutant à ce reste autant de zéros que l'on désire avoir de décimales au quotient.

Ier EXEMPLE.

Avec fractions décimales au dividende et au diviseur en nombre égal.

Une pièce de drap contenant 24 mètres 32 centimètres d'étoffe, ayant coûté 1064 francs 25 centimes, on demande la valeur du mètre?

Position.

	106425	2432
	9145	43'.76 centimes.
Premier reste.	184900	
	14660	
Second reste . .	68	

Commencez par faire disparaître le point décimal du dividende et celui du diviseur, et vous considérerez les deux nombres comme entiers et réduits en une même dénomination; car il est évident que le reculement de deux rangs vers la droite ou la suppression du point décimal, en multipliant les deux nombres par cent, les a réduits en centièmes; ce qui est conforme à l'ancienne méthode, qui exigeait, en pareil cas, que l'on réduisît les deux nombres complexes en même dénomination.

Faites ensuite votre division à l'ordinaire, et vous aurez pour quotient 43 francs avec un reste de 1849. Mettez à ce reste autant de zéros que vous désirez avoir de décimales au quotient, deux je suppose; poursuivez votre division, et le résultat sera 43 francs 76 centimes pour la valeur de chaque mètre d'étoffe.

IIe EXEMPLE.

Avec un nombre de décimales plus grand au dividende qu'au diviseur.

On demande combien coûterait le mètre d'une certaine étoffe dont 12 mètres 3 décimètres ont coûté 254 francs 38 centimes.

Position.

25438 | 123
838   20 fr. 68

Premier reste. 1000

Second reste. . 16

Ici vous avez au diviseur une décimale de moins qu'au dividende ; dans ce cas il faut supprimer le point décimal du diviseur et le considérer comme un nombre entier. Ensuite il faut reculer le point du dividende d'un rang vers la droite, de sorte qu'il ne lui reste plus qu'une décimale ; après cela vous faites votre division comme si les deux nombres étaient entiers, et vous séparez au quotient autant de décimales qu'il en est resté au dividende, c'est-à-dire, une dans le cas présent.

Pour avoir au quotient une décimale de plus, ajoutez un zéro au reste 100, et continuez votre opération à l'ordinaire en mettant au quotient ce qui restera de la division.

Le prix de chaque mètre est donc 20 fr. 68 centimes.

IIe. EXEMPLE.

Avec un nombre de décimales plus grand au diviseur qu'au dividende.

On a payé 384 francs 6 décimes pour une pièce d'étoffe de 15 mètres 45 centimetres de longueur, savoir combien à coûté chaque mètre?

Position.

```
                 38460 | 1545
                  7560   24f.89 centimes.
Premier reste.  138000
                 14400
Second reste. .    495
```

Lorsqu'il y a plus de décimales au diviseur qu'au dividende, il faut les égaliser en ajoutant au dividende autant de zéros qu'il a de décimales de moins, ce qui, comme nous l'avons déjà remarqué, n'altère point la valeur du nombre; il le réduit au contraire en une même dénomination que le diviseur.

Ici, par exemple, vous avez au diviseur une décimale de plus qu'au dividende; par conséquent ajoutez un zéro au dividende pour tenir lieu de la seconde décimale, supprimez le point décimal de part et d'autre, et considérez les deux nombres comme entiers.

Faites ensuite votre division à l'ordinaire, et mettez au premier reste de la division deux zéros pour avoir deux décimales au quotient.

Le résultat est 24 francs 89 centimes pour la valeur demandée.

Division avec fractions décimales au diviseur seulement.

EXEMPLE.

36 kilogrammes 46 décagrammes de marchandises ont coûté 854 francs; on demande ce qu'a coûté chaque kilogramme.

Position.

	85400	3646
	12480	23f.42 centimes.
Premier reste. .	154200	
	8360	
Second reste. . .	1068	

Comme à cet exemple il n'y a de décimales qu'au diviseur, il faut, pour rendre l'opération plus facile, supprimer le point décimal du diviseur et écrire au dividende autant de zéros qu'il y en avait au diviseur; ce qui donne 85400 à diviser par 3646. Vous aurez au quotient 23 francs et un reste de 1542; ajoutez deux zéros à ce reste et il viendra au quotient, en continuant votre division, deux décimales de plus.

Ainsi la valeur de chaque kilogramme est de 23 francs 42 centimes.

Division avec fractions décimales au dividende seulement.

EXEMPLE.

15 kilogrammes de marchandises ont été vendus 845 francs 24 centimes; on demande ce qu'on a vendu chaque kilogramme.

Position.

	84524	15
	95	56f.349
	52	
	74	
Premier reste.	140	
Second reste. .	5	

Faites d'abord votre division comme aux exemples précédents ; et, sans avoir égard aux parties décimales du dividende, regardez-le absolument comme un nombre entier ; mais vous séparerez au quotient vers la droite, à l'aide du point décimal, autant de chiffres décimaux qu'il y en a au dividende, c'est-à-dire deux : vous aurez alors 56 fr. 34 centimes pour la valeur du kilogramme.

Si vous vouliez avoir au quotient une décimale de plus, il faudrait ajouter un zéro au premier reste 14, et diviser 140 par 15, ce qui donnerait 9 au quotient avec un reste 5. Si vous vouliez apporter encore plus de précision dans votre opération, vous pourriez ajouter un ou deux zéros au second reste, et vous auriez au quotient autant de décimales de plus ; car il est bon de remarquer qu'on approche d'autant plus du véritable quotient qu'on y a plus de décimales.

Division de fractions décimales par un nombre d'unités quelconque.

EXEMPLE.

On propose de diviser 0.79 en 632 parties.

Position

	0.79	632
Premier reste. .	79.0	0.00125
	15 800	
	3 160	
	000	

Commencez par prendre pour premier dividende partiel, le zéro qui est à la place des unités du dividende total; et, comme zéro ne donne rien à diviser, écrivez un zéro au quotient avec le point décimal à sa droite : continuez à prendre successivement les deux autres chiffres du dividende total; et comme ils ne donnent également que des zéros, écrivez deux zéros au quotient, à la droite du point décimal.

Maintenant joignez un zéro à 79, et divisez 790 par 632. Il viendra 1 à mettre au quotient avec un reste 158, auquel, ajoutant deux zéros, vous obtiendrez deux décimales de plus au quotient, sans reste.

Le résultat de la division est que chacune des 632 parts est égale à 125 cent-millièmes d'unités.

Division de nombres entiers par des nombres fractionnaires.

EXEMPLE.

Il s'agit de diviser 36 par 0.75.

Position.

3600	75
600	48
00	

Lorsque le diviseur n'est composé que de décimales, et qu'il n'y en a point au dividende, il faut toujours joindre à ce dernier autant de zéros qu'il y a de décimales au diviseur, et supprimer le point décimal de ce diviseur : vous faites ensuite la division, en regardant les deux nombres comme entiers.

Ainsi, ayant ajouté, dans le présent exemple, deux zéros au dividende 36, vous avez 3600 à diviser par 75. Le quotient est 48, sans reste, c'est-à-dire que 75 centièmes sont contenus 48 fois dans le nombre entier 36.

Division d'un nombre avec fractions par un nombre fractionnaire.

EXEMPLE.

On veut diviser 1.61 par 0.35.

Position.

	161	35
Premier reste.	21.0	4.6
	0 0	

Cette opération se réduit à supprimer le point décimal du dividende et celui du diviseur, et à opérer comme sur des nombres entiers. Le quotient exprimera le nombre de fois que le diviseur est contenu dans le dividende.

Ainsi, dans le cas présent, 35 centièmes sont contenus 4 fois et 6 dixièmes dans le nombre proposé 1,61.

REMARQUES.

Il est des circonstances où l'on peut abréger la division; c'est lorsque le dividende et le diviseur se terminent tous les deux par des zéros. On supprime dans l'un et l'autre nombres la même quantité de zéros, et on fait la division de ces deux nouveaux nombres réduits. Le quotient conservera toujours la même valeur; car, en supprimant des zéros autant d'une part que de l'autre, le nouveau diviseur est contenu dans le nouveau dividende autant de fois que le premier diviseur était contenu dans le premier dividende.

Soit, par exemple, le nombre 4320000 à diviser par 36000; en supprimant les trois zéros du diviseur, et trois zéros du dividende, on n'a point changé le rapport qui existe entre ces deux nombres, et on a 4320 à diviser par 36; le quotient est 12.

Il est un avantage essentiel que le système décimal procurera dans des opérations qui se présentent à chaque instant dans le commerce.

Cet avantage résulte de la division commune entre les poids et mesures et les monnaies, et il consiste à faire connaître sans aucune peine la valeur des parties d'un entier quelconque dont on connaît le prix.

Par exemple, une étoffe revient à 6 francs 20 centimes le mètre ; combien coûtent le décimètre ou le centimètre de cette étoffe ?

Opération.

Le mètre revient à. . . .	6 fr.	20 cent.
Le décimètre . . à. . . .	o	62
Le centimètre . . à. . . .	o	o6

Cette opération se réduit à reculer les chiffres d'un rang vers la droite pour déterminer le prix du décimètre, qui est le dixième du mètre ; et de deux rangs aussi vers la droite, pour déterminer celui du centimètre, qui est le centième du mètre. Ainsi, à 6 fr. 20 cent. le mètre, c'est 62 centimes le décimètre, et 6 centimes le centimètre.

On peut encore établir avec la même facilité le prix d'une sorte de marchandise d'après le bénéfice par cent que l'on se propose de faire.

Par exemple : Un négociant veut savoir combien il doit vendre le kilogramme d'une marchandise qui lui coûte 5 francs 50 centimes le kilogramme, pour gagner 6 pour cent.

Position.

Multiplier . . . 550
par. 6
3300
Prix du kilogram. 5.50
5f.83 prix de la vente au bénéfice de 6 pour cent.

Pour résoudre cette question, il s'agit d'ajouter 6 centimes par franc à la valeur du kilogramme, en multipliant cette valeur par 6 centimes.

Ainsi ayant multiplié 5. 50 par 6 centimes, le produit donne 33 centimes; lesquels, étant joints à 5f. 50, portent à 5f. 83 centimes, le prix auquel doit être vendu le kilogramme pour gagner 6 pour cent.

Conversion de fractions ordinaires en fractions décimales.

La conversion des fractions ordinaires en fractions décimales peut devenir nécessaire dans le commencement de l'introduction du nouveau calcul : il n'est donc pas inutile de donner la manière d'opérer cette conversion.

Elle consiste à diviser le numérateur de la fraction proposée à convertir par son dénominateur, mais comme cette division ne peut se faire en nombre entier, il faut ajouter autant de zéros au numérateur que l'on désire avoir de chiffres à la fraction décimale.

Ier EXEMPLE.

Soit proposé la fraction $\frac{7}{8}$ à convertir en une fraction décimale ayant trois chiffres décimaux.

Position.

7000	8
60	0.875
40	
0	

Vous posez d'abord le numérateur 7 avec trois zéros pour dividende et le dénominateur 8 pour diviseur, et avant de commencer votre division, vous écrivez un zéro au quotient avec un point à sa droite pour indiquer qu'il n'y a point d'unité principale; ensuite vous diviserez 7000 par 8. Et il résulte pour quotient la fraction décimale 0.875 millièmes qui est absolument égale à $\frac{7}{8}$.

IIe EXEMPLE.

On veut convertir la fraction $\frac{11}{13}$ en une fraction ayant deux chiffres décimaux.

Position.

	1100	13
	60	0.84
Reste.	8	

L'opération étant faite de même qu'au premier exemple, on a au quotient 0.84 centièmes avec un reste 8. Si à ce reste vous ajoutez un zéro, et que vous le divisiez par 13, vous aurez au quotient 6 pour troisième décimale; or comme cette décimale représente 6 dixièmes d'une des unités qui la précèdent, il faut, dans le cas de sa suppression, augmenter d'une unité la décimale 4 afin de se conformer à la règle générale, qui exige que l'on ajoute une unité à la dernière décimale conservée, lorsque celle qui suit immédiatement à droite est au moins 5.

DÉCRET IMPÉRIAL

Concernant les Pièces de six sols, douze sols et vingt-quatre sols, et la Monnaie de cuivre et de billon.

Au Palais de Saint-Cloud, le 18 août 1810.

NAPOLÉON, Empereur des Français, Roi d'Italie, Protecteur de la Confédération du Rhin, Médiateur de la Confédération Suisse, etc., etc.

Notre Conseil d'État entendu;

Nous AVONS DÉCRÉTÉ et DÉCRÉTONS ce qui suit:

ARTICLE PREMIER.

Notre ministre du trésor retirera définitivement de la circulation toutes les pièces de monnoie de cuivre actuellement existantes dans les caisses publiques, selon l'état qui en sera dressé.

2. La monnoie de cuivre et de billon de fabrication française ne pourra être employée dans les paiemens, si ce n'est de gré à gré, que pour l'appoint de cinq francs.

3. Les pièces de six sols, douze sols et vingt-quatre sols, qui auront conservé quelques traces

de leur empreinte, seront admises en paiement pour *vingt-cinq centimes*, *cinquante centimes*, et *un franc;* si mieux n'aiment les porteurs les livrer au poids au change des monnaies, où ils recevront la valeur; savoir :

Les pièces de six sols, à raison de 190 fr. 20 c. le kilogramme;

Les pièces de douze sols, à raison de 197 fr. 22 c. le kilogramme;

Et celles de vingt-quatre sols, à raison de 195 f. le kilogramme.

4. Il sera statué particulièrement sur les monnaies de cuivre et de billon qui ne sont pas de fabrication française, et dont la circulation a été tolérée jusqu'à ce jour dans les départemens réunis.

5. Nos ministres des finances et du trésor public sont chargés, chacun en ce qui les concerne, de l'exécution du présent décret.

Signé NAPOLÉON.

Par l'Empereur :

Le Ministre secrétaire d'État,
signé H.-B. DUC DE BASSANO.

DÉCRET IMPÉRIAL

Concernant les Pièces d'or de 48 et de 24 livres tournois, et les Pièces d'argent de 6 et de 3 livres.

Au Palais de Saint-Cloud, le 12 septembre 1810.

NAPOLÉON, Empereur des Français, Roi d'Italie, Protecteur de la Confédération du Rhin, Médiateur de la Confédération Suisse;

Sur le rapport de nos ministres des finances et du trésor public.

NOUS AVONS DÉCRÉTÉ et DÉCRÉTONS ce qui suit :

ARTICLE PREMIER.

A compter du jour de la publication du présent décret, la valeur réduite en francs des pièces d'or de 48 livres et de 24 livres tournois, des pièces d'argent de 6 et de 3 livres tournois, est et demeure réglée ainsi qu'il suit; savoir :

La pièce de 48 livres tournois à...	47 fr.	20 c.
La pièce de 24 livres tournois à...	23	55
La pièce de 6 livres tournois à...	5	80
La pièce de 3 livres tournois à...	2	75

Lesdites pièces seront admises à ce taux dans

les caisses publiques, et dans les paiemens entre particuliers.

2. Les pièces ci-dessus seront en outre, et à la volonté des porteurs, reçues au poids, au change des monnaies; savoir :

Celles de 48 et 24 livres, à raison de trois mille quatre-vingt-quatorze francs quarante-trois centimes le kilogramme;

Et celles de 6 et 3 livres, à raison de cent quatre-vingt-dix-huit francs trente-un centimes.

3. Les pièces dites de 30 sols et de 15 sols circuleront pour la valeur d'un franc cinquante centimes, et de soixante-quinze centimes; mais elles ne pourront entrer dans les paiemens que pour les appoints au-dessous de cinq francs.

4. Nos ministres sont chargés de l'exécution du présent décret, qui sera inséré au Bulletin des lois de demain 13 du courant.

Signé NAPOLÉON.

Par l'Empereur :

Le Ministre-Secrétaire d'État,
signé H.-B. Duc de Bassano.

Pièces de 3 livres tournois.

Nombre de Pièces.	VALEUR ance.	en francs.		réduite en livres tourn.			Nombre de Pièces.	VALEUR ance.	en francs.		réduite en livres tourn.		
		fr.	c.	liv.	s.	d.			fr.	c.	liv.	s.	d.
1	3	2	75	2	15	8	29	87	79	75	80	14	11
2	6	5	50	5	11	4	30	90	82	50	83	10	7
3	9	8	25	8	7	1	31	93	85	25	86	6	4
4	12	11	00	11	2	9	32	96	88	00	89	2	0
5	15	13	75	13	18	5	33	99	90	75	91	17	8
6	18	16	50	16	14	1	34	102	93	50	94	13	4
7	21	19	25	19	9	10	35	105	96	25	97	9	1
8	24	22	00	22	5	6	36	108	99	00	100	4	9
9	27	24	75	25	1	2	37	111	101	75	103	0	5
10	30	27	50	27	16	10	38	114	104	50	105	16	1
11	33	30	25	30	12	7	39	117	107	25	108	11	10
12	36	33	00	33	8	3	40	120	110	00	111	7	6
13	39	35	75	36	3	11	41	123	112	75	114	3	2
14	42	38	50	38	19	7	42	126	115	50	116	18	10
15	45	41	25	41	15	4	43	129	118	25	119	14	7
16	48	44	00	44	11	0	44	132	121	00	122	10	3
17	51	46	75	47	6	8	45	135	123	75	125	5	11
18	54	49	50	50	2	4	46	138	126	50	128	1	7
19	57	52	25	52	18	1	47	141	129	25	130	17	4
20	60	55	00	55	13	9	48	144	132	00	133	13	0
21	63	57	75	58	9	5	49	147	134	75	136	8	8
22	66	60	50	61	5	1	50	150	137	50	139	4	4
23	69	63	25	64	0	10	51	153	140	25	142	0	1
24	72	66	00	66	16	6	52	156	143	00	144	15	9
25	75	68	75	69	12	2	53	159	145	75	147	11	5
26	78	71	50	72	7	10	54	162	148	50	150	7	1
27	81	74	25	75	3	7	55	165	151	25	153	2	10
28	84	77	00	77	19	3	56	168	154	00	155	18	6

Pièces de 3 livres tournois.

NOMBRE de pièces.	VALEUR anc^e.	en francs.		réduite en livres tourn.			NOMBRE de pièces.	VALEUR anc^e.	en francs.		réduite en livres tourn.		
		fr.	c.	liv.	s.	d.			fr.	c.	liv.	s.	d.
57	171	156	75	158	14	2	85	255	233	75	236	13	5
58	174	159	50	161	9	10	86	258	236	50	239	9	1
59	177	162	25	164	5	7	87	261	239	25	242	4	10
60	180	165	00	167	1	3	88	264	242	00	245	0	6
61	183	167	75	169	16	11	89	267	244	75	247	16	2
62	186	170	50	172	12	7	90	270	247	50	250	11	10
63	189	173	25	175	8	4	91	273	250	25	253	7	7
64	192	176	00	178	4	0	92	276	253	00	256	3	3
65	195	178	75	180	19	8	93	279	255	75	258	18	11
66	198	181	50	183	15	4	94	282	258	50	261	14	7
67	201	184	25	186	11	1	95	285	261	25	264	10	4
68	204	187	00	189	6	9	96	288	264	00	267	6	0
69	207	189	75	192	2	5	97	291	266	75	270	1	8
70	210	192	50	194	18	1	98	294	269	50	272	17	4
71	213	195	25	197	13	10	99	297	272	25	275	13	1
72	216	198	00	200	9	6	100	300	275	00	278	8	9
73	219	200	75	203	5	2	150	450	412	50	417	13	1
74	222	203	50	206	»	10	200	600	550	00	556	17	6
75	225	206	25	208	16	7	250	750	687	50	696	1	10
76	228	209	00	211	12	3	300	900	825	00	835	6	3
77	231	211	75	214	7	11	350	1050	962	50	974	10	7
78	234	214	50	217	3	7	400	1200	1100	00	1113	15	0
79	237	217	25	219	19	4	450	1350	1237	00	1252	19	4
80	240	220	00	222	15	0	500	1500	1375	00	1392	3	9
81	243	222	75	225	10	8	600	1800	1650	00	1670	12	6
82	246	225	50	228	6	4	700	2100	1925	00	1949	1	3
83	249	228	25	231	2	1	800	2400	2200	00	2227	10	0
84	252	231	60	233	17	9	900	2700	2475	00	2505	18	9

Pièces de 6 liv. tournois.

Nombre de Pièces.	VALEUR ance.	en francs.		réduite en livres tourn.			Nombre de Pièces.	VALEUR ance.	en francs.		réduite en livres tourn.		
		fr.	c.	liv.	s.	d.			fr.	c.	liv.	s.	d.
1	6	5	80	5	17	5	29	174	168	20	170	6	0
2	12	11	60	11	14	11	30	180	174	00	176	3	6
3	18	17	40	17	12	4	31	186	179	80	182	0	11
4	24	23	20	23	9	9	32	192	185	60	187	18	5
5	30	29	00	29	7	3	33	198	191	40	193	15	10
6	36	34	80	35	4	8	34	204	197	20	199	13	3
7	42	40	60	41	2	2	35	210	203	00	205	10	9
8	48	46	40	46	19	7	36	216	208	80	211	8	2
9	54	52	20	52	17	0	37	222	214	60	217	5	8
10	60	58	00	58	14	6	38	228	220	40	223	3	1
11	66	63	80	64	11	11	39	234	226	20	229	0	6
12	72	69	60	70	9	5	40	240	232	00	234	18	0
13	78	75	40	76	6	10	41	246	237	80	240	15	5
14	84	81	20	82	4	3	42	252	243	60	246	12	11
15	90	87	00	88	1	9	43	258	249	40	252	10	4
16	96	92	80	93	19	2	44	264	255	20	258	7	9
17	102	98	60	99	16	8	45	270	261	00	264	5	3
18	108	104	40	105	14	1	46	276	266	80	270	2	8
19	114	110	20	111	11	7	47	282	272	60	276	0	2
20	120	116	00	117	9	0	48	288	278	40	281	17	7
21	126	121	80	123	6	5	49	294	284	20	287	15	0
22	132	127	60	129	3	11	50	300	290	00	293	12	6
23	138	133	40	135	1	4	51	306	295	80	299	9	11
24	144	139	20	140	18	9	52	312	301	60	305	7	5
25	150	145	00	146	16	3	53	318	307	40	311	4	10
26	156	150	80	152	13	8	54	324	313	20	317	2	3
27	162	156	60	158	11	2	55	330	319	00	322	19	9
28	168	162	40	164	8	7	56	336	324	80	328	17	2

Pièces de 6 livres tournois.

NOMBRE de pièces.	VALEUR anc^e.	en francs.		réduite en livres tourn.			NOMBRE de pièces.	VALEUR anc^e.	en francs.		réduite en livres tourn.		
		fr.	c.	liv.	s.	d.			fr.	c.	liv.	s.	d.
57	342	330	60	334	14	8	85	510	493	00	499	3	3
58	348	336	40	340	12	1	86	516	498	80	505	0	8
59	354	342	20	346	9	6	87	522	504	60	510	18	2
60	360	348	00	352	7	0	88	528	510	40	516	15	7
61	366	353	80	358	4	5	89	534	516	20	522	13	0
62	372	359	60	364	1	11	90	540	522	00	528	10	6
63	378	365	40	369	19	4	91	546	527	80	534	7	11
64	384	371	20	375	16	9	92	552	533	60	540	5	5
65	390	377	00	381	14	3	93	558	539	40	546	2	10
67	396	382	80	387	11	8	94	564	545	20	552	0	3
69	402	388	60	393	9	2	95	570	551	00	557	17	9
68	408	394	40	399	6	7	96	576	556	80	563	15	2
69	414	400	20	405	4	0	97	582	562	60	569	12	8
70	420	406	00	411	1	6	98	588	568	40	575	10	1
71	426	411	80	416	18	11	99	594	574	20	581	7	6
72	432	417	60	422	16	5	100	600	580	00	587	5	0
73	438	423	40	428	13	10	150	900	870	00	880	17	6
74	444	429	20	434	11	3	200	1200	1160	00	1174	10	0
75	450	435	00	440	8	9	250	1,500	1450	00	1468	2	6
76	456	440	80	446	6	2	300	1800	1740	00	1761	15	0
77	462	446	60	452	3	8	350	2100	2030	00	2055	7	6
78	468	452	40	458	1	1	400	2400	2320	00	2349	0	0
89	474	458	20	463	18	6	450	2700	2610	00	2642	12	6
80	480	464	00	469	16	0	500	3000	2900	00	2936	5	0
81	486	469	80	475	13	5	600	3600	3480	00	3523	10	0
82	492	475	60	481	10	11	700	4200	4060	00	4110	15	0
83	498	481	40	487	8	4	800	4800	4640	00	4698	0	0
84	504	487	20	493	5	9	900	5400	5220	00	5285	5	0

Pièces d'Or de 24 liv. tournois.

Nombre de pièces.	VALEUR						Nombre de Pièces.	VALEUR					
	anc.	en francs.		réduite en livres tourn.				anc^e.	en francs.		réduite en livres tourn.		
		fr.	c.	liv.	s.	d.			fr.	c.	liv.	s.	d.
1	24	23	55	23	16	10	29	696	682	95	691	9	8
2	48	47	10	47	13	9	30	720	706	50	715	6	7
3	72	70	65	71	10	7	31	744	730	05	739	3	6
4	96	94	20	95	7	6	32	768	753	60	763	0	4
5	120	117	75	119	4	5	33	792	777	15	786	17	3
6	144	141	30	143	1	3	34	816	800	70	810	14	2
7	168	164	85	166	18	2	35	840	824	25	834	11	0
8	192	188	40	190	15	1	36	864	847	80	858	7	11
9	216	211	95	214	11	11	37	888	871	35	882	4	10
10	240	235	50	238	8	10	38	912	894	90	906	1	8
11	264	259	05	262	5	9	39	936	918	45	929	18	7
12	288	282	60	286	2	7	40	960	942	00	953	15	6
13	312	306	15	309	19	6	41	984	965	55	977	12	4
14	336	329	70	333	16	5	42	1008	989	10	1001	9	3
15	360	353	25	357	13	3	43	1032	1012	65	1025	6	1
16	384	376	80	381	10	2	44	1056	1036	20	1049	3	0
17	408	400	35	405	7	1	45	1080	1059	75	1072	19	11
18	432	423	90	429	3	11	46	1104	1083	30	1096	16	9
19	456	447	45	453	0	10	47	1128	1106	85	1120	13	8
20	480	471	00	476	17	9	48	1152	1130	40	1144	10	7
21	504	494	55	500	14	7	49	1176	1153	95	1168	7	5
22	528	518	10	524	11	6	50	1200	1177	50	1192	4	4
23	552	541	65	548	8	4	60	1440	1413	00	1430	13	3
24	576	565	20	572	5	3	70	1680	1648	50	1669	2	1
25	600	588	75	596	2	2	80	1920	1884	00	1907	11	0
26	624	612	30	619	19	0	90	2160	2119	50	2145	19	10
27	648	635	85	643	15	11	100	2400	2355	00	2384	8	9
28	672	659	40	667	12	10	200	4800	4710	00	4768	17	6

Pièces d'Or de 48 livres tournois.

Nombre de Pièces.	VALEUR anc^e.	VALEUR en francs. fr.	c.	réduite en livres tourn. liv.	s.	d.	Nombre de pièces.	VALEUR anc^e.	en francs fr.	c.	réduite en livres tourn. liv.	s.	d.
1	48	47	20	47	15	9	29	1392	1368	80	1385	18	2
2	96	94	40	95	11	7	30	1440	1416	00	1433	14	0
3	144	141	60	143	7	4	31	1488	1463	20	1481	9	9
4	192	188	80	191	3	2	32	1536	1510	40	1529	5	7
5	240	236	00	238	19	0	33	1584	1557	60	1577	1	4
6	288	283	20	286	14	9	34	1632	1604	80	1624	17	2
7	336	330	40	334	10	7	35	1680	1652	00	1672	13	0
8	384	377	60	382	6	4	36	1728	1699	20	1720	8	9
9	432	424	80	430	2	2	37	1776	1746	40	1768	4	7
10	480	472	00	477	18	0	38	1824	1793	60	1816	0	4
11	528	519	20	525	13	9	39	1872	1840	80	1863	16	2
12	576	566	40	573	9	7	40	1920	1888	00	1911	12	0
13	624	613	60	621	5	4	41	1968	1935	20	1959	7	9
14	672	660	80	669	1	2	42	2016	1982	40	2007	3	7
15	720	708	00	716	17	0	43	2064	2029	60	2054	19	4
16	768	755	20	764	12	9	44	2112	2076	80	2102	15	2
17	816	802	40	812	8	7	45	2160	2124	00	2150	11	0
18	864	849	60	860	4	4	46	2208	2171	20	2198	6	9
19	912	896	80	908	0	2	47	2256	2218	40	2246	2	7
20	960	944	00	955	16	0	48	2304	2265	60	2293	18	4
21	1008	991	20	1003	11	9	49	2352	2312	80	2341	14	2
22	1056	1038	40	1051	7	7	50	2400	2360	00	2389	10	0
23	1104	1085	60	1099	3	4	60	2880	2832	00	2867	8	0
24	1152	1132	80	1146	19	2	70	3360	3304	00	3345	6	0
25	1200	1180	00	1194	15	0	80	3840	3776	00	3823	4	0
26	1248	1227	20	1242	10	9	90	4320	4248	00	4301	2	0
27	1296	1274	40	1290	6	7	100	4800	4720	00	4779	0	0
28	1344	1321	60	1338	2	4	200	9600	9440	00	9558	0	0

Table de réduction des livres tournois en francs et centimes, en conformité de la loi du 17 floréal an 7.

livres.	francs.			livres.	francs.			livres.	francs.		
	fr.	c.	dix^{es}		fr.	c.	dix^{es}		fr.	c.	dix^{es}
1	0	98	8	27	26	66	7	53	52	34	6
2	1	97	5	28	27	65	4	54	53	33	3
3	2	96	3	29	28	64	2	55	54	32	1
4	3	95	1	30	29	63	0	56	55	30	9
5	4	93	8	31	30	61	7	57	56	29	6
6	5	92	6	32	31	60	5	58	57	28	4
7	6	91	4	33	32	59	3	59	58	27	2
8	7	90	1	34	33	58	0	60	59	25	9
9	8	88	9	35	34	56	8	61	60	24	7
10	9	87	7	36	35	55	6	62	61	23	5
11	10	86	4	37	36	54	3	63	62	22	2
12	11	85	2	38	37	53	1	64	63	21	0
13	12	84	0	39	38	51	9	65	64	19	8
14	13	82	7	40	39	50	6	66	65	18	5
15	14	81	5	41	40	49	4	67	66	17	3
16	15	80	2	42	41	48	1	68	67	16	0
17	16	79	0	43	42	46	9	69	68	14	8
18	17	77	8	44	43	45	7	70	69	13	6
19	18	76	5	45	44	44	4	71	70	12	3
20	19	75	3	46	45	43	2	72	71	11	1
21	20	74	1	47	46	42	0	73	72	9	9
22	21	72	8	48	47	40	7	74	73	8	6
23	22	71	6	49	48	39	5	75	74	7	4
24	23	70	4	50	49	38	3	76	75	6	2
25	24	69	1	51	50	37	0	77	76	4	9
26	25	67	9	52	51	35	8	78	77	3	7

SUITE de la Table de réduction des livres tournois en francs et centimes, en conformité de la loi du 17 floréal an 7.

livres.	francs.			livres.	francs.			livres.	francs.		
	fr.	c.	dix^e		fr.	c.	dix^e		fr.	c.	dix^e
79	78	2	3	350	345	67	9	2300	2271	60	5
80	79	1	2	400	395	6	2	2400	2370	37	0
81	80	0	0	450	444	44	4	2500	2469	13	6
82	80	98	8	500	493	82	7	2600	2567	90	1
83	81	97	5	550	543	21	0	2700	2666	66	7
84	82	96	3	600	592	59	3	2800	2765	43	2
85	83	95	1	650	641	97	5	2900	2864	19	8
86	84	93	8	700	691	35	8	3000	2962	96	3
87	85	92	6	750	740	74	1	4000	3950	61	7
88	86	91	4	800	790	12	3	5000	4938	27	2
89	87	90	1	850	839	50	6	6000	5925	92	6
90	88	88	9	900	888	88	9	7000	6913	58	0
91	89	87	7	950	938	27	2	8000	7901	23	4
92	90	86	4	1000	987	65	4	9000	8888	88	9
93	91	85	2	1100	1086	42	0	10000	9876	54	3
94	92	84	0	1200	1185	18	5	11000	10864	20	0
95	93	82	7	1300	1283	95	1	12000	11851	85	2
96	94	81	5	1400	1382	71	6	13000	12839	51	0
97	95	80	2	1500	1481	48	1	14000	13827	16	0
98	96	79	0	1600	1580	24	7	15000	14814	81	5
99	97	77	8	1700	1679	1	2	16000	15802	47	0
100	98	76	5	1800	1777	77	8	17000	16790	12	3
150	148	14	8	1900	1876	54	3	18000	17777	77	8
200	197	53	1	2000	1975	30	9	19000	18765	43	2
250	246	91	4	2100	2074	7	4	20000	19753	8	6
300	296	29	6	2200	2172	84	0	21000	20740	74	1

TABLEAU de réduction en francs des monnaies étrangères ayant cours dans l'Empire.

MONNAIES ÉTRANGÈRES.	valeur fr.	c.
de Brabant.		
OR—double souverain...	33	80
souverain............	16	90
demi souverain.......	8	45
ducat	11	42
ARGENT—ducaton.......	6	30
demi-ducaton.........	3	15
un quart de ducaton...	1	57
un 8e. de ducaton....	0	78
couronne............	5	56
demi-couronne	2	77
un quart de couronne..	1	38
un 8e. de couronne...	0	64
pièces de 17 *s.* 6 *d.*.....	1	50
double escalin.......	1	20
escalin	0	60
de Liège et de Maestricht.		
OR—ducat............	10	34
florin..............	6	8
ARGENT—double escalin..	1	20
escalin neuf.........	0	56
escalin vieux........	0	39
demi-escalin ou plaquette neuve......	0	28
vieille plaquette de Liège	0	12
kopslucks............	0	75
demi-kopslucks	0	37
de Prusse.		
OR—frédéric ou pistole..	19	50
ARGENT—rixdaller......	3	50
demi-rixdaller........	1	75
un tiers de rixdaller...	1	15
un 16e. de rixdaller....	0	54

MONNAIES ÉTRANGÈRES.	valeur fr.	c.
de Hollande.		
OR—ruyder...........	28	44
demi-ruyder.........	14	22
double ducat.........	22	84
ducat simple	11	42
ARGENT—pièce de 3 florins	6	0
pièce de 2 florins......	4	6
rixdaller	5	28
florin..............	2	5
pièce de 30 stubers....	3	4
rixdaller de Zélande...	5	16
de l'Empire.		
OR—ducat Impérial	11	42
carolin ou pistole au soleil...........	23	70
pistole..............	19	4
maximilien joseph	14	98
demi-maximilien	7	48
florin...............	6	8
ARGENT—écu de convention.............	5	4
un demi-écu, do......	2	50
un quart, ou demi-florin.........	1	25
un demi-florin de Bavière............	0	98
un demi-do. de Wurtemberg.........	0	90
vieux kopslucks.......	0	70
pièce de 24 kreutzers ou 6 batz	0	75

TAUX auquel les Monnaies anciennes altérées seront reçues aux Hôtels des monnaies.

	PIÈCES D'ARGENT							
	de 3 et 6 liv.		de 24 sols.		de 12 sols.		de 6 sols.	
	fr.	c.	fr.	c.	fr.	c.	fr.	c.
cinq centigrammes.	0	1	0	1	0	1	0	1
un décigramme....	0	2	0	2	0	2	0	2
un gramme	0	20	0	19	0	19	0	19
un décagramme....	1	98	1	95	1	97	1	90
un hectogramme...	19	83	19	50	19	72	19	2
un kilogramme....	198	31	195	0	197	22	190	20
un myriagramme...	1983	10	1950	0	1972	20	1902	0

PIÈCES D'OR DE 48 ET DE 24 LIV. TOURNOIS.

	fr.	c.		fr.	c.
deux milligrammes.	0	1	un décagramme....	30	94
un centigramme...	0	3	un hectogramme...	309	44
un décigramme....	0	31	un kilogramme....	3094	45
un gramme........	3	9	un myriagramme ..	30944	30

PIECES D'ARGENT

de 24 s., 12 s. et 6 s., liv. tournois, RÉDUITES EN FRANCS.

La Pièce de 24 s. est réduite à 1 fr.
La Pièce de 12 s. à 0 50 c.
La Pièce de 6 s. à 0 25 c.

Art. III *du Décret du* 18 *août* 1810.

Nota. Ces réductions offrant des calculs très-faciles, il a paru inutile d'en donner le Barême.

Comparaison de l'Aune au Mètre.

aunes.	mètres.	centimèt.	millimét.	fractions	centièm	millièm
1	1	18	8	$\frac{1}{32}$	3	7
2	2	37	7	$\frac{1}{24}$	5	0
3	3	56	5	$\frac{1}{16}$	7	4
4	4	75	4	$\frac{1}{12}$	9	9
5	5	94	2	$\frac{1}{8}$	14	8
6	7	13	1	$\frac{1}{6}$	19	8
7	8	31	9	$\frac{1}{4}$	29	7
8	9	50	8	$\frac{1}{3}$	39	6
9	10	69	6	$\frac{3}{8}$	44	5
10	11	88	5	$\frac{5}{12}$	49	5
20	23	76	9	$\frac{1}{2}$	59	4
30	35	65	3	$\frac{7}{12}$	69	3
40	47	53	8	$\frac{5}{8}$	74	2
50	59	42	2	$\frac{2}{3}$	79	2
60	71	30	7	$\frac{3}{4}$	89	1
70	83	19	1	$\frac{7}{8}$	103	9
80	95	7	6	$\frac{11}{12}$	108	9
90	106	96	0	$\frac{15}{16}$	111	0
100	118	84	5	$\frac{5}{4}$	148	5

Comparaison des anciennes Mesures d'étendue et de solidité aux nouvelles Mesures analogues.

lignes. — pouces. — pieds. — toises. — voies de bois.	lignes en millimètres		pouces en centimètres		pieds en décimètres.		toises en mètres.		voies de bois en stères.	
	mill.	cent.	centim.	c.	décim	c.	mèt.	cent.	stèr.	c.
1	2	26	2	71	3	25	1	95	1	92
2	4	51	5	41	6	50	3	90	3	84
3	6	77	8	12	9	75	5	85	5	76
4	9	02	10	83	12	99	7	80	7	68
5	11	28	13	54	16	24	9	75	9	60
6	13	54	16	24	19	49	11	69	11	52
7	15	79	18	95	22	74	13	64	13	44
8	18	05	21	66	25	99	15	59	15	36
9	20	30	24	36	29	24	17	54	17	28
10	22	56	27	07	32	48	19	49	19	20
11	24	81	29	78	35	73	21	44	21	11
12	27	07	32	48	38	98	23	39	23	03

Prix du demi-Kilogramme en livres tournois et en francs, d'après le prix de la livre exprimé dans la première colonne.

Prix de la Livre.		Prix du demi-kilogramme ou des 50 décagrammes							Prix de la Livre.	Prix du demi-kilogramme ou des 50 décagrammes						
		En livres tourn.				En francs dans le rapport de 81 à 80.				En livres tourn.				En francs dans le rapport de 81 à 80.		
s.	d.	l.	s.	d.	mil.	f.	c.	mil.	s.	l.	s.	d.	mil.	f.	c.	mil.
	3	0	0	3	064	0	1	261	26	1	6	6	682	1	31	147
	6	0	0	6	128	0	2	522	27	1	7	6	939	1	36	191
	9	0	0	9	192	0	3	783	28	1	8	7	196	1	41	235
1		0	1	0	257	0	5	044	29	1	9	7	453	1	46	279
2		0	2	0	514	0	10	088	30	1	10	7	710	1	51	323
3		0	3	0	771	0	15	132	31	1	11	7	967	1	56	368
4		0	4	1	028	0	20	176	32	1	12	8	224	1	61	412
5		0	5	1	285	0	25	221	33	1	13	8	481	1	66	456
6		0	6	1	542	0	30	265	34	1	14	8	738	1	71	500
7		0	7	1	799	0	35	309	35	1	15	8	995	1	76	544
8		0	8	2	056	0	40	353	36	1	16	9	252	1	81	588
9		0	9	2	313	0	45	397	37	1	17	9	509	1	86	632
10		0	10	2	570	0	50	441	38	1	18	9	766	1	91	676
11		0	11	2	827	0	55	486	39	1	19	10	023	1	96	720
12		0	12	3	084	0	60	530	40	2	0	10	280	2	01	764
13		0	13	3	341	0	65	574	41	2	1	10	537	2	06	808
14		0	14	3	598	0	70	618	42	2	2	10	794	2	11	853
15		0	15	3	855	0	75	662	43	2	3	11	051	2	16	897
16		0	16	4	112	0	80	706	44	2	4	11	308	2	21	941
17		0	17	4	369	0	85	750	45	2	5	11	565	2	26	985
18		0	18	4	626	0	90	794	46	2	6	11	822	2	32	029
19		0	19	4	883	0	95	838	47	2	8	0	079	2	37	073
20		1	0	5	140	1	00	882	48	2	9	0	336	2	42	117
21		1	1	5	397	1	05	927	49	2	10	0	593	2	47	161
22		1	2	5	654	1	10	971	50	2	11	0	850	2	52	205
23		1	3	5	911	1	16	015	51	2	12	1	107	2	57	249
24		1	4	6	168	1	21	059	52	2	13	1	364	2	62	294
25		1	5	6	425	1	26	103	53	2	14	1	621	2	67	338

Prix du demi-Kilogramme en livres tournois et en francs, d'après le prix de la livre exprimé dans la première colonne.

Prix de la Livre.		Prix du demi-kilogramme ou des 50 décagrammes — En livres tourn.				En francs dans le rapport de 81 à 80.			Prix de la Livre.		Prix du demi-kilogramme ou des 50 décagrammes — En livres tourn.				En francs dans le rapport de 81 à 80.		
l.	s.	l.	s.	d.	mil.	f.	c.	mil.	l.	s.	l.	s.	d.	mil.	f.	c.	mil.
	54	2	15	1	878	2	72	382	5	4	5	6	2	731	5	24	590
	55	2	16	2	135	2	77	426	5	6	5	8	3	246	5	34	679
	56	2	17	2	392	2	82	470	5	8	5	10	3	761	5	44	767
	57	2	18	2	649	2	87	514	5	10	5	12	4	276	5	54	855
	58	2	19	2	906	2	92	558	5	12	5	14	4	791	5	64	943
	59	3	0	3	163	2	97	602	5	14	5	16	5	306	5	75	031
3	0	3	1	3	420	3	02	646	5	16	5	18	5	821	5	85	120
3	2	3	3	3	934	3	12	735	5	18	6	0	6	336	5	95	208
3	4	3	5	4	448	3	22	823	6	0	6	2	6	851	6	05	296
3	6	3	7	4	962	3	32	911	6	2	6	4	7	366	6	15	384
3	8	3	9	5	476	3	42	999	6	4	6	6	7	881	6	25	472
3	10	3	11	5	990	3	53	087	6	6	6	8	8	396	6	35	561
3	12	3	13	6	504	3	63	176	6	8	6	10	8	911	6	45	649
3	14	3	15	7	018	3	73	264	6	10	6	12	9	426	6	55	737
3	16	3	17	7	532	3	83	353	6	12	6	14	9	941	6	65	825
3	18	3	19	8	046	3	93	440	6	14	6	16	10	456	6	75	913
4	0	4	1	8	560	4	03	528	6	16	6	18	10	971	6	86	002
4	2	4	3	9	074	4	13	617	6	18	7	0	11	486	6	96	090
4	4	4	5	9	588	4	23	705	7	0	7	3	0	001	7	06	178
4	6	4	7	10	102	4	33	793	7	2	7	5	0	516	7	16	266
4	8	4	9	10	616	4	43	881	7	4	7	7	1	031	7	26	354
4	10	4	11	11	130	4	53	969	7	6	7	9	1	546	7	36	442
4	12	4	13	11	644	4	64	058	7	8	7	11	2	061	7	46	530
4	14	4	16	0	158	4	74	146	7	10	7	13	2	576	7	56	619
4	16	4	18	0	672	4	84	234	7	12	7	15	3	091	7	66	707
4	18	5	0	1	186	4	94	322	7	14	7	17	3	606	7	76	795
5	0	5	2	1	701	5	04	414	7	16	7	19	4	121	7	86	884
5	2	5	4	2	216	5	14	502	7	18	8	1	4	626	7	96	972

Prix du demi-Kilogramme en livres tournois et en francs, d'après le prix de la livre exprimé dans la première colonne.

Prix de la Livre.		Prix du demi-kilogramme ou des 50 décagrammes — En livres tourn				En francs dans le rapport de 81 à 80.			Prix de la Livre.		Prix du demi-kilogramme ou des 50 décagrammes — En livres tourn.				En francs dans le rapport de 81 à 80.		
l.	s.	l.	s.	d.	mil.	f.	c.	mil.	l.	s.	l.	s.	d.	mil.	f.	c.	mil.
8	0	8	3	5	141	8	07	060	15	0	15	6	5	121	15	13	233
8	5	8	8	6	426	8	32	281	15	5	15	11	6	406	15	38	454
8	10	8	13	7	711	8	57	501	15	10	15	16	7	691	15	63	674
8	15	8	18	8	996	8	82	721	15	15	16	1	8	976	15	88	895
9	0	9	3	10	281	9	07	941	16	0	16	6	10	261	16	14	11[illegible]
9	5	9	8	11	566	9	33	162	16	5	16	11	11	546	16	39	336
9	10	9	4	0	851	9	58	383	16	10	16	17	0	831	16	64	556
9	15	9	19	2	136	9	83	603	16	15	17	2	2	116	16	89	777
10	0	0	14	3	421	10	08	824	17	0	17	7	3	401	17	14	997
10	5	10	19	4	706	10	34	044	17	5	17	12	4	686	17	40	218
10	10	10	4	5	991	10	59	265	17	10	17	17	5	971	17	65	438
10	15	10	9	7	276	10	84	485	17	15	18	2	7	256	17	90	659
11	0	11	4	8	561	11	09	706	18	0	18	7	8	541	18	15	879
11	5	11	9	9	846	11	34	926	18	5	18	12	9	826	18	41	100
11	10	11	14	11	131	11	60	147	18	10	18	17	11	111	18	66	320
11	15	12	0	0	416	11	85	367	18	15	19	3	0	396	18	91	541
12	0	12	5	1	701	12	10	588	19	0	19	8	1	681	19	16	761
12	5	12	10	2	986	12	35	808	19	10	19	18	4	251	19	67	202
12	10	12	15	4	271	12	61	029	20	0	20	8	6	820	20	17	643
12	15	13	0	5	556	12	86	249	25		25	10	8	521	25	22	058
13	0	13	5	6	841	13	11	469	30		30	12	10	222	30	26	472
13	5	13	10	8	126	13	36	690	35		35	14	11	923	35	30	886
13	10	13	15	9	411	13	61	911	40		40	17	1	624	40	35	300
13	15	14	0	10	696	13	87	131	45		45	19	3	325	45	39	714
14	0	14	5	11	981	14	12	352	50		51	1	5	026	50	44	128
14	5	14	11	1	266	14	37	572	55		56	3	6	727	55	48	542
14	10	14	16	2	551	14	62	793	60		61	5	8	428	60	52	956
14	15	15	1	3	836	14	88	013	65		66	7	10	129	65	57	370

Prix du demi-Quintal métrique et du Décalitre, d'après le prix du Quintal de livres et de la Velte exprimé dans la première colonne.

Prix du quintal de liv. — de la Velte.		Prix du demi-quintal métrique ou des 50 kilogrammes — En livres tourn.				En francs dans le rapport de 81 à 80.			Prix du décalitre ou des 10 litres remplaçant la velte — En livres tourn.				En francs dans le rapport de 81 à 80.		
l.	s.	liv.	s.	d.	mil.	fr.	c.	mil.	liv.	s.	d.	mil.	fr.	c.	mil.
	10	0	10	2	573	0	60	441	0	13	5	054	0	66	278
1		1	0	5	145	1	0	883	1	6	10	109	1	32	556
2		2	0	10	290	2	1	766	2	13	8	217	2	65	112
3		3	1	3	436	3	2	648	4	0	6	326	3	97	669
4		4	1	8	581	4	3	531	5	7	4	434	5	30	225
5		5	2	1	726	5	4	414	6	14	2	543	6	62	781
6		6	2	6	871	6	5	297	8	1	0	651	7	95	337
7		7	3	0	016	7	6	180	9	7	10	760	9	27	893
8		8	3	5	162	8	7	062	10	14	8	868	10	60	450
9		9	3	10	307	9	7	945	12	1	6	977	11	93	006
10		10	4	3	452	10	8	828	13	8	5	085	13	25	562
12		12	5	1	743	12	10	504	16	2	1	302	15	90	674
4		14	6	0	033	14	12	359	18	15	9	519	18	55	787
6		16	6	10	324	16	14	125	21	9	5	736	21	20	899
8		18	7	8	614	18	15	890	24	3	1	953	23	86	012
0		20	8	6	904	20	17	656	26	16	10	170	26	51	124
2		22	9	5	195	22	19	421	29	10	6	387	29	16	236
4		24	10	3	485	24	21	187	32	4	2	604	31	81	349
6		26	11	1	776	26	22	953	34	17	10	821	34	46	461
8		28	12	0	066	28	24	718	37	11	7	038	37	11	574
0		30	12	10	356	30	26	484	40	5	3	255	39	76	686
2		32	13	8	647	32	28	250	42	18	11	472	42	41	798
4		34	14	6	937	34	30	015	45	12	7	689	45	06	911
6		36	15	5	228	36	31	781	48	6	3	906	47	72	023
8		38	16	3	518	38	33	546	51	0	0	123	50	37	136
0		40	17	1	808	40	35	312	53	13	8	340	53	02	248
2		42	18	0	099	42	37	078	56	7	4	557	55	67	360
4		44	18	10	389	44	38	843	59	1	0	774	58	32	473

Prix du demi-Quintal métrique et du Décalitre, d'après le prix du Quintal de livres et de la Velte exprimé dans la première colonne.

Prix du quintal de liv. — de la Velte.	Prix du demi-quintal métrique ou des 50 kilogrammes							Prix du décalitre ou des 10 litres remplaçant la velte						
	En livres tourn.				En francs dans le rapport de 81 à 80.			En livres tourn.				En francs dans le rapport de 81 à 80.		
l. s.	liv.	s.	d.	mil.	fr.	c.	mil.	liv.	s.	d.	mil.	fr.	c.	mil.
46	46	19	8	680	46	40	609	61	14	8	991	60	97	585
48	49	0	6	970	48	42	374	64	8	5	208	63	62	698
50	51	1	5	260	50	44	140	67	2	1	425	66	27	810
52	53	2	3	551	52	45	906	69	15	9	642	68	92	923
54	55	3	1	841	54	47	671	72	9	5	859	71	58	035
56	57	4	0	132	56	49	437	75	3	2	076	74	23	147
58	59	4	10	422	58	51	202	77	16	10	293	76	88	260
60	61	5	8	712	60	52	968	80	10	6	510	79	53	372
62	63	6	7	003	62	54	734	83	4	2	727	82	18	484
64	65	7	5	293	64	56	499	85	17	10	944	84	83	597
66	67	8	3	584	66	58	265	88	11	7	161	87	48	709
68	69	9	1	874	68	60	030	91	5	3	378	90	13	822
70	71	10	0	164	70	61	796	93	18	11	595	92	78	934
72	73	10	10	455	72	63	562	96	12	7	812	95	44	046
74	75	11	8	745	74	65	327	99	6	4	029	98	09	159
76	77	12	7	036	76	67	093	102	0	0	246	100	74	271
78	79	13	5	326	78	68	858	104	13	8	463	103	39	384
80	81	14	3	617	80	70	624	107	7	4	680	106	04	496
82	83	15	1	907	82	72	390	110	1	0	897	108	69	608
84	85	16	0	198	84	74	155	112	14	9	114	111	34	721
86	87	16	10	488	86	75	921	115	8	5	331	113	99	833
88	89	17	8	778	88	77	686	118	2	1	548	116	64	946
90	91	18	7	069	90	79	452	120	15	9	765	119	30	058
92	93	19	5	359	92	81	218	123	9	5	982	121	95	170
94	96	0	3	650	94	82	983	126	3	2	199	124	60	283
96	98	1	1	940	96	84	749	128	16	10	416	127	25	395
98	100	2	0	230	98	86	514	151	10	6	633	129	90	508
100	102	2	10	521	100	88	280	134	4	2	850	132	55	620

Table de rapport des Décagrammes aux anciens Poids, conformément à la détermination définitive du Mètre.

décagrammes.	livres.	onces.	gros.	dixièmes. centièmes.	décagrammes.	livres.	onces.	gros.	dixièmes. centièmes.	décagrammes.	livres.	onces.	gros.	dixièmes. centièmes.
½	0	0	1	30	34	0	11	0	91	68	1	6	1	81
1	0	0	2	61	35	0	11	3	52	69	1	6	4	43
2	0	0	5	23	36	0	11	6	14	70	1	6	7	04
3	0	0	7	84	37	0	12	0	75	71	1	7	1	66
4	0	1	2	46	38	0	12	3	37	72	1	7	4	27
5	0	1	5	07	39	0	12	5	98	73	1	7	6	89
6	0	1	7	69	40	0	13	0	60	74	1	8	1	50
7	0	2	2	30	41	0	13	3	21	75	1	8	4	12
8	0	2	4	92	42	0	13	5	83	76	1	8	6	73
9	0	2	7	53	43	0	14	0	44	77	1	9	1	35
10	0	3	2	15	44	0	14	3	05	78	1	9	3	96
11	0	3	4	76	45	0	14	5	67	79	1	9	6	58
12	0	3	7	38	46	0	15	0	28	80	1	10	1	19
13	0	4	1	99	47	0	15	2	90	81	1	10	3	81
14	0	4	4	61	48	0	15	5	51	82	1	10	6	42
15	0	4	7	22	49	1	0	0	13	83	1	11	1	04
16	0	5	1	84	50	1	0	2	74	84	1	11	3	65
17	0	5	4	45	51	1	0	5	36	85	1	11	6	26
18	0	5	7	07	52	1	0	7	97	86	1	12	0	88
19	0	6	1	68	53	1	1	2	59	87	1	12	3	49
20	0	6	4	30	54	1	1	5	20	88	1	12	6	11
21	0	6	6	91	55	1	1	7	82	89	1	13	0	72
22	0	7	1	53	56	1	2	2	43	90	1	13	3	34
23	0	7	4	14	57	1	2	5	05	91	1	13	5	95
24	0	7	6	76	58	1	2	7	66	92	1	14	6	57
25	0	8	1	37	59	1	3	2	28	93	1	14	3	18
26	0	8	3	99	60	1	3	4	89	94	1	14	5	80
27	0	8	6	60	61	1	3	7	51	95	1	15	0	41
28	0	9	1	22	62	1	4	2	12	96	1	15	3	03
29	0	9	3	83	63	1	4	4	74	97	1	15	5	64
30	0	9	6	45	64	1	4	7	35	98	2	0	0	26
31	0	10	1	06	65	1	5	1	97	99	2	0	2	87
32	0	10	3	68	66	1	5	4	58	100	2	0	5	49
33	0	10	6	29	67	1	5	7	20					

Table de réduction des Kilogrammes en anciens Poids, conformément à la détermination définitive du Mètre.

kilogrammes.	livres.	onces.	gros.	dixièmes. centièmes.	kilogrammes.	livres.	onces.	gros.	dixièmes. centièmes.	kilogrammes.	livres.	onces.	gros.	dixièmes. centièmes.
½	1	0	2	74	35	71	8	0	09	70	143	0	0	18
1	2	0	5	49	36	73	8	5	58	71	145	0	5	67
2	4	1	2	98	37	75	9	3	07	72	147	1	3	15
3	6	2	0	46	38	77	10	0	55	73	149	2	0	64
4	8	2	5	95	39	79	10	6	04	74	151	2	6	13
5	10	3	3	44	40	81	11	3	53	75	153	3	3	62
6	12	4	0	93	41	83	12	1	02	76	155	4	1	11
7	14	4	6	42	42	85	12	6	51	77	157	4	6	60
8	16	5	3	91	43	87	13	3	99	78	159	5	4	08
9	18	6	1	39	44	89	14	1	48	79	161	6	1	57
10	20	6	6	88	45	91	14	6	97	80	163	6	7	06
11	22	7	4	37	46	93	15	4	46	81	165	7	4	55
12	24	8	1	86	47	96	0	1	95	82	167	8	2	04
13	26	8	7	35	48	98	0	7	44	83	169	8	7	53
14	28	9	4	84	49	100	1	4	92	84	171	9	5	01
15	30	10	2	32	50	102	2	2	41	85	173	10	2	50
16	32	10	7	81	51	104	2	7	90	86	175	10	7	99
17	34	11	5	30	52	106	3	5	39	87	177	11	5	48
18	36	12	2	79	53	108	4	2	88	88	179	12	2	97
19	38	13	0	28	54	110	5	0	37	89	181	13	0	45
20	40	13	5	77	55	112	5	5	85	90	183	13	5	94
21	42	14	3	25	56	114	6	3	34	91	185	14	3	43
22	44	15	0	74	57	116	7	0	83	92	187	15	0	92
23	46	15	6	23	58	118	7	6	32	93	189	15	6	41
24	49	0	3	72	59	120	8	3	81	94	192	0	3	90
25	51	1	1	21	60	122	9	1	30	95	194	1	1	38
26	53	1	6	69	61	124	9	6	78	96	196	1	6	87
27	55	2	4	18	62	126	10	4	27	97	198	2	4	36
28	57	3	1	67	63	128	11	1	76	98	200	3	1	85
29	59	3	7	16	64	130	11	7	25	99	202	3	7	34
30	61	4	4	65	65	132	12	4	74	100	204	4	4	83
31	63	5	2	14	66	134	13	2	22	200	408	9	1	65
32	65	5	7	62	67	136	13	7	71	300	612	13	6	48
33	67	6	5	11	68	138	14	5	20	400	817	2	3	30
34	69	7	2	60	69	140	15	2	69	450	919	4	5	72

Table de réduction des Onces et Livres en nouveaux Poids, conformément à la détermination définitive du Mètre.

onces.	kilogrammes.	décagrammes.	dixièmes. centièmes. millièmes.	livres.	kilogrammes.	décagrammes.	dixièmes. centièmes. millièmes.	livres.	kilogrammes.	décagrammes.	dixièmes. centièmes. millièmes.
½	0	1	530	3	1	46	852	25	12	23	765
1	0	3	059	4	1	95	802	26	12	72	715
2	0	6	119	5	2	44	753	27	13	21	666
3	0	9	178	6	2	93	704	28	13	70	617
4	0	12	238	7	3	42	654	29	14	19	567
5	0	15	297	8	3	91	605	30	14	68	518
6	0	18	356	9	4	40	555	31	15	17	468
7	0	21	416	10	4	89	506	32	15	66	419
8	0	24	475	11	5	38	456	33	16	15	369
9	0	27	535	12	5	87	407	34	16	64	320
[illegible]	0	30	594	13	6	36	358	35	17	13	271
[illegible]	0	33	653	14	6	85	308	36	17	62	221
[illegible]	0	36	713	15	7	34	259	37	18	11	172
[illegible]	0	39	772	16	7	83	209	38	18	60	122
[illegible]	0	42	832	17	8	32	160	39	19	9	073
[illegible]	0	45	891	18	8	81	111	40	19	58	023
				19	9	30	061	41	20	6	974
				20	9	79	012	42	20	55	925
				21	10	27	962	43	21	4	875
				22	10	76	913	44	21	53	826
	0	48	951	23	11	25	864	45	22	2	776
	0	97	901	24	11	74	814	46	22	51	727

Suite de la Table de réduction des Onces et Livres en nouveaux Poids, conformément à la détermination définitive du Mètre.

livres.	kilogrammes.	décagrammes.	dixièmes. centièmes. millièmes.	livres.	kilogrammes.	décagrammes.	dixièmes. centièmes. millièmes.	livres.	kilogrammes.	décagrammes.	dixièmes. centièmes. millièmes.
47	23	0	678	69	33	77	591	91	44	54	503
48	23	49	628	70	34	26	541	92	45	3	454
49	23	98	579	71	34	75	492	93	45	52	404
50	24	47	529	72	35	24	442	94	46	1	355
51	24	96	480	73	35	73	393	95	46	50	306
52	25	45	430	74	36	22	343	96	46	99	256
53	25	94	381	75	36	71	294	97	47	48	207
54	26	43	332	76	37	20	245	98	47	97	157
55	26	92	282	77	37	69	195	99	48	46	108
56	27	41	233	78	38	18	146	100	48	95	058
57	27	90	183	79	38	67	096	200	97	90	117
58	28	39	134	80	39	16	047	300	146	85	175
59	28	88	085	81	39	64	997	400	195	80	234
60	29	37	035	82	40	13	948	500	244	75	292
61	29	85	986	83	40	62	899	600	293	70	351
62	30	34	936	84	41	11	849	700	342	65	409
63	30	83	887	85	41	60	800	800	391	60	468
64	31	32	838	86	42	9	750	900	440	55	526
65	31	81	788	87	42	58	701	1000	489	50	584
66	32	30	739	88	43	7	652	1100	538	45	642
67	32	79	689	89	43	56	602	1200	587	40	700
68	33	28	640	90	44	5	553	1300	636	35	755

Conversion des Pintes et des Litrons en Litres et Centilitres, et des Veltes et des Boisseaux en Décalitres, Litres et Centilitres.

POUR LES LIQUIDES.						POUR LES MATIÈRES SÈCHES.					
Pintes et Veltes.	Litres.	Centilitres.	Décalitres.	Litres.	Centilitres.	Litrons et Boisseaux.	Litres.	Centilitres.	Décalitres.	Litres.	Centilitres.
1	»	93	»	7	45	1	»	81	1	3	01
2	1	86	1	4	90	2	1	63	2	6	02
3	2	79	2	2	35	3	2	44	3	9	02
4	3	73	2	9	81	4	3	25	5	2	03
5	4	66	3	7	25	5	4	07	6	5	04
6	5	59	4	4	71	6	4	88	7	8	05
7	6	52	5	2	16	7	5	69	9	1	06
8	7	45	5	9	61	8	6	50	10	4	07
9	8	38	6	7	06	9	7	32	11	7	07
10	9	31	7	4	51	10	8	13	13	»	08
11	10	25	8	1	96	11	8	94	14	3	09
12	11	18	8	9	41	12	9	76	15	6	10
13	12	11	9	6	86	13	10	56	16	9	11
14	13	04	10	4	31	14	11	38	18	2	12
15	13	97	11	1	76	15	12	19	19	5	12
16	14	90	11	9	21	16	13	01	20	8	13
17	15	83	12	6	67	17	13	82	22	1	14
18	16	76	13	4	12	18	14	63	23	4	15
19	17	70	14	1	57	19	15	45	24	7	16
20	18	63	14	9	02	20	16	26	26	»	17
21	19	56	15	6	47	21	17	07	27	3	18
22	20	49	16	3	92	22	17	89	28	6	18
23	21	42	17	1	37	23	18	70	29	9	19
24	22	35	17	8	82	24	19	51	31	2	20
25	23	28	18	6	27	25	20	33	32	5	21
26	24	22	19	3	72	26	21	14	33	8	22
27	25	15	20	1	17	27	21	95	35	1	22
28	26	08	20	8	63	28	22	76	36	4	23
29	27	01	21	6	08	29	23	58	37	7	24
30	27	94	22	3	53	30	24	39	39	»	25
40	37	25	29	8	04	40	32	52	52	»	33
50	46	57	37	2	55	50	40	65	65	»	42
60	55	88	44	7	05	60	48	78	78	»	50
70	65	20	52	1	56	70	56	91	91	»	58
80	74	51	59	6	07	80	65	04	104	»	67
90	83	82	67	»	58	90	73	17	117	»	75
100	93	14	74	5	19	100	81	30	130	»	83
200	186	27	149	»	18	200	162	60	260	1	67
300	279	41	223	5	27	300	243	91	390	2	50
400	372	55	298	»	36	400	325	21	520	3	33
500	465	68	372	5	45	500	406	51	650	4	17

Tarif de l'escompte en dehors connu prompt.

SOMMES PRINCIPALES.	SOMMES RÉDUITES D'APRÈS LE TAUX DE LA													
	1/4 pour %			1/2 pour %			3/4 pour %			1 pour %		1 1/4 pour %		
francs.	fr.	c.	c.	fr.	c	d.	fr.	c.	c.	fr.	c.	fr.	c.	c.
1	»	99	75	»	99	5	»	99	25	»	99	»	98	75
2	1	99	50	1	99	»	1	98	50	1	98	1	97	50
3	2	99	25	2	98	5	2	97	75	2	97	2	96	25
4	3	99	»	3	98	»	3	97	»	3	96	3	95	»
5	4	98	75	4	97	5	4	96	25	4	95	4	93	75
6	5	98	50	5	97	»	5	95	50	5	94	5	92	50
7	6	98	25	6	96	5	6	94	75	6	93	6	91	25
8	7	98	»	7	96	»	7	94	»	7	92	7	90	»
9	8	97	75	8	95	5	8	93	25	8	91	8	88	75
10	9	97	50	9	95	»	9	92	50	9	90	9	87	50
20	19	95	»	19	90	»	19	85	»	19	80	19	75	»
30	29	92	50	29	85	»	29	77	50	29	70	29	62	50
40	39	90	»	39	80	»	39	70	»	39	60	39	50	»
50	49	87	50	49	75	»	49	62	50	49	50	49	37	50
60	59	85	»	59	70	»	59	55	»	58	40	59	25	»
70	69	82	50	69	65	»	69	47	50	69	30	69	12	50
80	79	80	»	79	60	»	79	40	»	79	20	79	»	»
90	89	77	50	89	55	»	89	32	50	89	10	88	87	50
100	99	75	»	99	50	»	99	25	»	99	»	98	75	»
200	199	50	»	199	»	»	198	50	»	198	»	197	50	»
300	299	25	»	298	50	»	297	75	»	297	»	296	25	»
400	399	»	»	398	»	»	397	»	»	396	»	395	»	»
500	498	75	»	497	50	»	496	25	»	495	»	493	75	»
600	598	50	»	597	»	»	595	50	»	594	»	592	50	»
700	698	25	»	696	50	»	694	75	»	693	»	691	25	»
800	798	»	»	796	»	»	794	»	»	792	»	790	»	»
900	897	75	»	895	50	»	893	25	»	891	»	888	75	»
1000	997	50	»	995	»	»	992	50	»	990	»	987	50	»

sous le nom de remise ou bonification pour paiement.

REMISE PORTÉE EN TÊTE DE CES COLONNES.													SOMMES PRINCIPALES.
1 1/2 pour °/o.			1 3/4 pour °/o.			2 pour °/o.		2 1/2 pour °/o.			3 pour °/o.		
fr.	c.	d.	fr.	c.	c	fr.	c.	fr.	c.	d.	fr.	c.	francs.
»	98	5	»	98	25	»	98	»	97	5	»	97	1
1	97	»	1	96	50	1	96	1	95	»	1	94	2
2	95	5	2	94	75	2	94	2	92	5	2	91	3
3	94	»	3	93	»	3	92	3	90	»	3	88	4
4	92	5	4	91	25	4	90	4	87	5	4	85	5
5	91	»	5	89	50	5	88	5	85	»	5	82	6
6	89	5	6	87	75	6	86	6	82	5	6	79	7
7	88	»	7	86	»	7	84	7	80	»	7	76	8
8	86	5	8	84	25	8	82	8	77	5	8	73	9
9	85	»	9	82	50	9	80	9	75	»	9	70	10
19	70	»	19	65	»	19	60	19	50	»	19	40	20
29	55	»	29	47	50	29	40	29	25	»	29	10	30
39	40	»	39	30	»	39	20	39	»	»	38	80	40
49	25	»	49	12	50	49	»	48	75	»	48	50	50
59	10	»	58	95	»	58	80	58	50	»	58	20	60
68	95	»	68	77	50	68	60	68	25	»	67	90	70
78	80	»	78	60	»	78	40	78	»	»	77	60	80
88	65	»	88	42	50	88	20	87	75	»	87	30	90
98	50	»	98	25	»	98	»	97	50	»	97	»	100
197	»	»	196	50	»	196	»	195	»	»	194	»	200
295	50	»	294	75	»	294	»	292	50	»	291	»	300
394	»	»	393	»	»	392	»	390	»	»	388	»	400
492	50	»	491	25	»	490	»	487	50	»	485	»	500
591	»	»	589	50	»	588	»	585	»	»	582	»	600
689	50	»	687	75	»	686	»	682	50	»	679	»	700
788	»	»	786	»	»	784	»	780	»	»	776	»	800
886	50	»	884	25	»	882	»	877	50	»	873	»	900
985	»	»	982	50	»	980	»	975	»	»	970	»	1000

Suite du TARIF de l'escompte en dehors pour prompt

SOMMES PRINCIPALES.	SOMMES RÉDUITES D'APRÈS LE TAUX DE LA									
	1/4 pour °/o.		1/2 pour °/o.		3/4 pour °/o.		1 pour °/o.		1 1/4 pour °/o.	
francs.	fr.	c.	fr.	c.	fr.	c.	fr.	c.	fr.	c.
1100	1097	25	1094	50	1091	75	1089	»	1086	25
1200	1197	»	1194	»	1191	»	1188	»	1185	»
1300	1296	75	1293	50	1290	25	1287	»	1283	75
1400	1396	50	1393	»	1389	50	1386	»	1382	50
1500	1496	25	1492	50	1488	75	1485	»	1481	25
1600	1596	»	1592	»	1588	»	1584	»	1580	»
1700	1695	75	1691	50	1687	25	1683	»	1678	75
1800	1795	50	1791	»	1786	50	1792	»	1777	50
1900	1895	25	1890	50	1885	75	1881	»	1876	25
2000	1995	»	1990	»	1985	»	1980	»	1975	»
2100	2094	75	2089	50	2084	25	2079	»	2073	75
2200	2194	50	2189	»	2183	55	2178	»	2172	50
2300	2294	25	2288	50	2282	75	2277	»	2271	25
2400	2394	»	2388	»	2382	»	2376	»	2370	»
2500	2493	75	2487	50	2481	25	2475	»	2468	75
2600	2593	50	2587	»	2580	50	2574	»	2567	50
2700	2693	25	2686	50	2679	75	2673	»	2666	25
2800	2793	»	2786	»	2779	»	2772	»	2[illegible]65	»
2900	2892	75	2885	50	2878	25	2871	»	2863	75
3000	2992	50	2985	»	2977	50	2970	»	2962	50
4000	3990	»	3980	»	3970	»	3960	»	3950	»
5000	4987	50	4975	»	4962	50	4950	»	4937	50
6000	5985	»	5970	»	5955	»	5940	»	5925	»
7000	6982	50	6965	»	6947	50	6930	»	6912	50
8000	7980	»	7960	»	7940	»	7920	»	7900	»
9000	8977	50	8955	»	8932	50	8910	»	8887	50
10000	9975	»	9950	»	9925	»	9900	»	9875	»

connu sous le nom de remise ou bonification paiement.

REMISE PORTÉE EN TÊTE DE CES COLONNES.					SOMMES PRINCIPALES.
1 1/2 pour %	1 3/4 pour %	2 pour %	2 1/2 pour %	3 pour %	
fr. c.	fr. c.	fr. c.	fr. c.	fr. c.	francs.
1083 50	1080 75	1078 »	1072 50	1067 »	1100
1182 »	1179 »	1176 »	1170 »	1164 »	1200
1280 50	1277 25	1274 »	1267 50	1261 »	1300
1379 »	1375 50	1372 »	1365 »	1358 »	1400
1477 50	1473 75	1470 »	1462 50	1455 »	1500
1576 »	1572 »	1568 »	1560 »	1552 »	1600
1674 50	1670 25	1666 »	1657 50	1649 »	1700
1773 »	1768 50	1764 »	1755 »	1746 »	1800
1871 50	1866 75	1862 »	1852 50	1843 »	1900
1970 »	1965 »	1960 »	1950 »	1940 »	2000
2068 50	2063 25	2058 »	2047 50	2037 »	2100
2167 »	2161 50	2156 »	2145 »	2134 »	2200
2265 50	2259 75	2254 »	2242 50	2231 »	2300
2364 »	2358 »	2352 »	2340 »	2328 »	2400
2462 50	2456 25	2450 »	2437 50	2425 »	2500
2561 »	2554 50	2548 »	2535 »	2522 »	2600
2659 50	2652 75	2646 »	2632 50	2619 »	2700
2758 »	2751 »	2744 »	2730 »	2716 »	2800
2856 50	2849 25	2842 »	2817 50	2813 »	2900
2955	2947 50	2940 »	2915 »	3910 »	3000
3940	3930 »	3920 »	3900 »	3880 »	4000
4925	4912 50	4900 »	4875 »	4850 »	5000
5910 »	5895 »	5880 »	5830 »	5820 »	6000
6895 »	6877 50	6860 »	6815 »	6790 »	7000
7880 »	7860 »	7840 »	7800 »	7760 »	8000
8865 »	8842 50	8820 »	8775 »	8730 »	9000
9850 »	9825 »	9800 »	9750 »	9700 »	10000

TABLEAU figuratif des nouveaux Poids et des nouvelles Mesures à celles de leurs subdivisions, telles qu'elles ont été déterminées par la

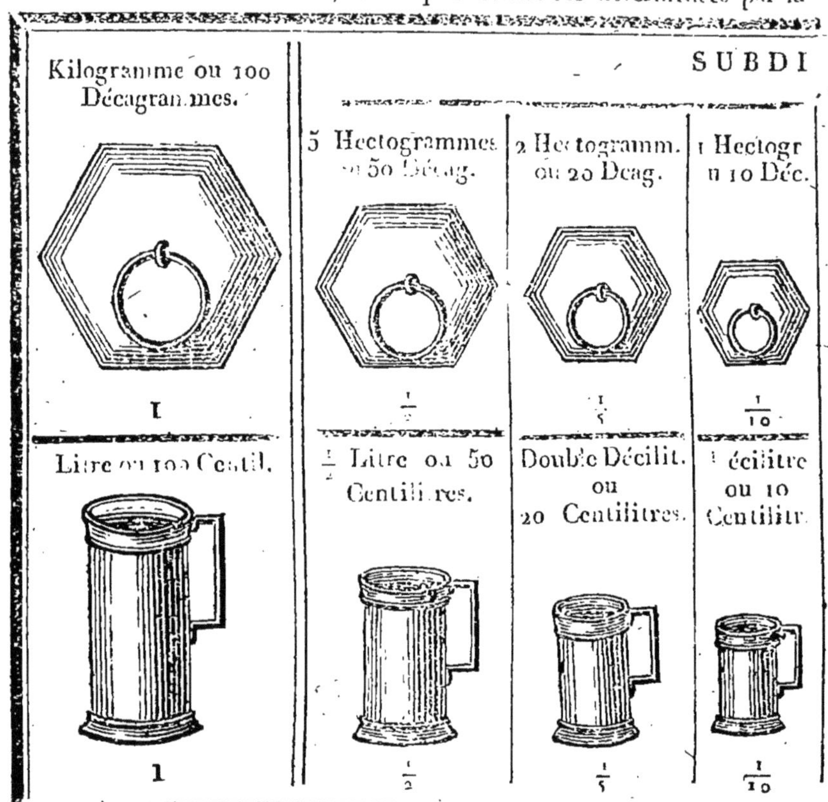

Indépendamment des poids ci-dessus, il se fabrique pour les fortes pesées et pour l'or et l'argent, les poids ci-après, savoir :

Pour les fortes pesées.	Double miriag. égal à 20 kil.	Demi-miriagr. égal à 5 kil.
	Miriagramme. . . . . 10 kil.	Double kilogramme. . 2 kil.
Pour l'or et l'argent.	Double gramme . . . 2 gr.	Décigramme. . . 10e de gr.
	Gramme. . . . . 1000e de kil.	Demi-décigram. 5 centig.
	Demi-gramme. 5 décigr.	Double centigr.. 2 centig.
	Double décigr.. 2 décigr.	Centigramme... 10e de déci.

Il se fabrique aussi pour les grandes contenances les mesures de capacité ci-après, savoir :

Hectolitre. . . . . égal à 100 litres.	Décalitre. . . . . . égal à 10 litres.
Demi-hectolitre — 50 litres.	Demi-décalitre. — 5 litres.
Double décalitre.. — 20 litres.	Double litre. . . . — 2 litres.

MESURES D'ÉTENDUE.

Décamètre, nouvelle perche, égal à 10 mètres.

Double mètre, nouvelle toise. égal à 2 mètres.

Mètre, pour les étoffes, se divise en 100 parties appelées centimètres.

Double décimètre, nouveau pied, égal au cinquième de mètre.

Hectare, mesure idéale pour l'arpentage, se divise en cent parties appelées ares.

Are, nouvelle perche carrée, égal à 100 mètres carrés.

liquides, représentant les formes du Kilogramme et du Litre, et loi du 18 germinal an III, et l'arrêté des consuls du 13 brumaire an IX.

VISIONS.

½ Hectogramme ou 5 Décag.	Double Décagramme.	Décagramme	½ Décagramme.

1/20	1/50	1/100	1/200
½ Décilitre ou 5 Centilitres.	Double Centilitre.	Centilitre.	Les mesures à grains sont de même contenance et de même forme cylindrique. Elles ne diffèrent qu'en ce que la hauteur est égale à la largeur; au lieu que dans les mesures à liquide la hauteur est le double de la largeur.

1/20	1/50	1/100	

MESURES DE SOLIDITÉ.

Double stère, nouvelle mesure à bois, égal 2 mètres cubes.
Stère. . . . . égal 1 mètre cube.
Décistère, nouvelle solive. . . . . . . égal 1/10 de mètre cube.

MONNAIES.

Pièces de cuivre.
- Millime, valeur idéale. . . . . 1000e de franc.
- Centime. . . . pesant 1 gramme. . 100e de franc.
- Double centime — 2 grammes. 50e de franc.
- Décime. . . . — 1 décagram. 10e de franc.
- Double décime — 2 décagram. 5e de franc.

Pièces d'argent. .
- Quart de franc. — 1 gramme 1/4.
- Demi-franc. . — 2 grammes 1/2.
- Franc. . . . . — 5 grammes.
- Double franc. . — 10 grammes.
- Quintuple, ou pièce de 5 francs, pesant 25 gramm.

Pièces d'or.
- Napoléon, pièce de 20 fr., pesant 6 grammes 2 décigrammes.
- Doub. Nap., — de 40 fr., — 12 grammes 4 décigrammes.

TABLEAU *à l'usage des Marchands détaillants, et* *lents aux*

POIDS ANCIENS.	POIDS NOUVEAUX ÉQUIVALENTS.	
POUR 1 grain. . . il faut donner	1 demi-décigr. 1 double centigr. 1 centigramme.	*ou* 1 demi-décigr. 3 centigramm.
— 36 grains *ou* ½ gros.	1 gramme. 1 demi-gramme. 2 doubles décigr. 1 centigramme.	*ou* 19 décigrammes 1 centigramme.
— 1 gros . . .	1 doubl. gramme. 1 gramme. 1 demi-gramme. 1 double décigr. 1 décigramme. 1 double centigr.	*ou* 3 gramm. 8 décigr. et 2 centigr.
— ½ once . . .	1 décagramme. demi-décagr. 1 double décigr. 1 décigramme.	*ou* 15 gramm. 3 décigrammes.
— 1 once . . .	1 double décagr. 1 décagramme. 1 demi-gramme. 1 décigramme.	*ou* 3 décagr. 6 décigrammes.
— ½ quarteron.	1 demi hectogr. 1 décagramme. 1 gramme. 1 double décigr.	*ou* 6 décagr. 1 gr. 2 décigr.
— 1 quarteron.	1 hectogramme. 1 double décagr. 1 doubl. gramme. 2 doubles décigr.	*ou* 12 décag. 2 gr. 4 décigr.
— ½ livre . . .	1 double hectogr. 2 doubles décagr. 2 donbles gram. 1 demi-gramme. 1 double décigr.	*ou* 24 décagr. 4 gr. 7 décigr.

pour leur faire connaître les nouveaux Poids équiva-anciens.

POIDS ANCIENS.	POIDS NOUVEAUX	ÉQUIVALENTS.
Pour 3 quarterons il faut donner	1 double hectogr. 1 hectogramme. 1 demi-hectogr. 1 décagramme. 1 demi-décagr. 1 doubl. gramme. 1 décigramme.	ou 36 décagr. 7 gr. 1 décigr.
— 1 livre . . .	2 doubles hectog. 1 demi-hectogr. 1 double décagr. 1 décagramme. 1 demi-décagr. 2 doubles gram. 1 demi-gramme.	ou 48 décagrammes 9 gramm. $\frac{1}{2}$
— 1 livre $\frac{1}{2}$.	1 demi-kilogr. 1 double hectogr. 1 double décagr. 1 décagramme. 2 doubles gram. 1 double décigr. 1 demi-décigram. 1 centigramme.	ou 73 décagr. 4 gr. 2 décig. 6 centig.
— 2 livres. . .	1 demi-kilogr. 2 doubles hectog. 1 demi-hectogr. 1 double décagr. 1 demi-décagr. 2 doubles gramm.	ou 97 décagr 9 gr.

N. B. 100 décagrammes valent 1 kilogramme.

10 grammes . . . . . 1 décagramme.

10 décigrammes . . . 1 gramme.

10 centigrammes . . . 1 décigramme.

LE GUIDE
DU VOYAGEUR
A PARIS,

Contenant la description des monuments publics les plus remarquables et les plus dignes de la curiosité des voyageurs, etc.

NOUVELLE ÉDITION ENRICHIE DE FIGURES,

Représentant l'arc de triomphe du Carrousel, la fontaine des Innocents, avec les changements et les additions que nécessitent les circonstances.

Prix, 3 fr. et 3 fr. 60 c. franc de port.

A Paris, chez GUEFFIER, éditeur, rue Galande, n° 61.

Cette deuxième édition, qui est augmentée de plus d'un tiers, rend ce petit livre très-intéressant; aussi l'éditeur peut être assuré d'avance du succès de son Ouvrage et de la nullité de tous ceux qui ont paru sous un titre à peu près semblable depuis sa *première édition publiée en l'an* 10. C'est lui rendre justice que de le féliciter sur les soins qu'il a pris pour rendre son ouvrage utile par la quantité de notes historiques, savantes et critiques dont il est rempli. La partie des Musées surtout y est traitée avec un soin tout particulier; la description en est faite de manière à trouver sous sa main tous les objets de peinture et de sculpture sans avoir recours aux numéros, ce qui le rend d'une grande utilité. Toutes les autres parties de l'ouvrage nous ont paru de même très-soignées. Ce livre surpasse son titre en ce qu'il offre aux personnes éloignées de la capitale et aux étrangers, une nomenclature exacte de toutes les richesses qui composent nos Musées, et généralement de tous les objets d'arts, d'antiquité et d'agréments que renferme cette immense cité. (*Extrait du Mercure et du Télégraphe litt.*)

TABLE DES PARTIES
DE CET OUVRAGE.

FIN DE LA TABLE.

www.ingramcontent.com/pod-product-compliance
Ingram Content Group UK Ltd.
Pitfield, Milton Keynes, MK11 3LW, UK
UKHW012052240726
13965UKWH00003B/1229